Lukasz Niedzwiecki

Projekt EC gazowo-parowej o mocy 70 MWt z wykorzystaniem biomasy przy zastosowaniu oprogramowania Cycle-Tempo

GRIN Verlag

Bibliografische Information der Deutschen Nationalbibliothek:

Die Deutsche Bibliothek verzeichnet diese Publikation in der Deutschen Nationalbibliografie; detaillierte bibliografische Daten sind im Internet über http://dnb.d-nb.de/ abrufbar.

Imprint:

Druck und Bindung: Books on Demand GmbH, Norderstedt Germany
ISBN: 978-3-656-18578-9

This book at GRIN:

http://www.grin.com/en/e-book/193178/projekt-ec-gazowo-parowej-o-mocy-70-mwt-z-wykorzystaniem-biomasy-przy-zastosowaniu

Politechnika Wrocławska

Wydział Mechaniczno-Energetyczny
kierunek studiów: **Energetyka**
specjalność: **Energetyka cieplna i jądrowa**

Praca dyplomowa

stopnia inżynierskiego

„Projekt elektrociepłowni gazowo-parowej o mocy 70 MW_t z wykorzystaniem biomasy, przy zastosowaniu oprogramowania Cycle-Tempo"

Łukasz Niedźwiecki

słowa kluczowe:

biomasa , kogeneracja,

blok gazowo-parowy,

BIGCC

Wrocław 2011

Spis treści:

1. CEL I ZAKRES PRACY

Obliczenia cieplno-bilansowe elektrociepłowni gazowo-parowej o mocy 70MWt. Dobór urządzeń do zadanego zapotrzebowania na ciepło. Ekonomiczny rozdział obciążeń z maksymalizacja produkcji energii elektrycznej.

2. WSTĘP

U podstawy napisania niniejszej pracy stoi teza mówiąca o tym, że skojarzone wytwarzanie energii elektrycznej i ciepła, w perspektywie najbliższych kilku lat, czeka w Polsce dynamiczny rozwój. W dłuższym horyzoncie czasowym, w Polsce podobnie jak i na całym świecie, na znaczeniu będą zyskiwać odnawialne źródła energii. Niniejsza praca koncentruje się na wykorzystaniu biomasy. Odnawialne źródła energii (OZE) muszą obecnie konkurować z paliwami kopalnymi. Wsparciem dla ich wykorzystania jest prowadzona obecnie polityka promowania OZE. Jest ona wypadkową dwóch czynników: teorii mówiącej o antropologicznym charakterze mającego miejsce obecnie ocieplenia klimatu oraz powolnego wyczerpywania się zasobów paliw kopalnych na ziemi. Wpływ czynników antropologicznych na ocieplenie klimatu bywa przez niektóre środowiska podważany, zaś nowe technologie wydobywcze pozwalają ludziom uzyskiwać dostęp do zasobów do tej pory nieuwzględnianych w dotychczasowych zestawieniach. Paliwa kopalne zyskały na popularności dzięki stosunkowo dużej gęstości energii w przeliczeniu na jednostkę masy, co przekłada się na koszty wydobycia i transportu. Konwersja energii chemicznej związanej w tych paliwach jest stosunkowo łatwa, zaś technologie są bardzo dojrzałe. Jest to spowodowane faktem wykorzystywania paliw kopalnych z coraz większą intensywnością przez wiele dziesięcioleci (od czasu tzw. „rewolucji przemysłowej") co spowodowało, że pod względem możliwości optymalizacji dotarły one, odnosząc się do znanego w ekonomii pojęcia krzywej uczenia się (krzywej doświadczeń), w pobliże swojego maksimum. Polityka wsparcia dla OZE ma na celu przyspieszenie zmiany tej krzywej w czasie dla technologii OZE aby osiągnąć pewne korzyści środowiskowe oraz złagodzić mający wystąpić, prędzej czy później, szok cenowy związany z istotnymi ograniczeniami w dostępności paliw kopalnych.

Niezależnie od perspektywy czasowej, w jakiej zrealizują się, w mniejszym bądź większym stopniu powyższe założenia, wspomniane mechanizmy wsparcia istnieją i mogą mieć istotny wpływ w procesie decyzyjnym dla inwestycji w energetyce. Inwestycja taka musi uwzględniać obecne realia i musi być uzasadniona ekonomicznie.

Motywacją dla każdej inwestycji jest spełnienie określonych potrzeb, które w kontekście ekonomicznym ujęte są jako popyt. Niniejsza praca koncentruje się na zagadnieniach związanych z optymalizacją obiegu gazowo-parowego elektrociepłowni tak by realizował on leżące u podstaw decyzji inwestycyjnej potrzeby w zakresie wytwarzania ciepła przeznaczonego na cele grzewcze oraz energii elektrycznej.

Jako kogeneracja w niniejszej pracy rozumiane jest skojarzone wytwarzanie dwóch produktów - ciepła i energii elektrycznej - są to formy energii użytecznej. Wytwarzanie to odbywa się poprzez konwersję pierwotnej energii chemicznej zawartej w paliwie. Najczęściej energia elektryczna powstaje poprzez konwersję energii mechanicznej przy użyciu generatora. Sama energia mechaniczna zaś generowana jest przez cieplną maszynę przepływową. Ciepło jest zaś produktem ubocznym. Generowanie energii w taki sposób nazywamy gospodarką skojarzoną. Kogeneracja często określana jest skrótem CHP (ang. Combined Heat and Power - skojarzone ciepło i moc). Podstawową zaletą gospodarki skojarzonej, w stosunku do gospodarki rozdzielonej, jest oszczędność energii pierwotnej

Potrzeby leżące u podstaw inwestycji zostaną określone poprzez uporządkowany wykres zapotrzebowania na ciepło grzewcze dla zadanej maksymalnej mocy cieplnej $70MW_t$. Przy pomocy oprogramowania Cycle-Tempo został opracowany funkcjonalny, quasi-statyczny model bloku gazowo-parowego z wykorzystaniem biomasy (BIGCC) oraz przeprowadzono obliczenia bilansowe. Na tej podstawie dokonany został dobór urządzeń dla elektrociepłowni gazowo-parowej o zadanej mocy. Wyniki tych obliczeń posłużą do sprawdzenia czy dana konfiguracja ma uzasadnienie ekonomiczne oraz w jakim stopniu uzasadnienie termodynamiczne i ekonomiczne są zbieżne.

3. PODSTAWY MODELU EC GAZOWO-PAROWEJ 70 MW_t

3.1 PRZEGLĄD ROZWIĄZAŃ BIGCC DZIAŁAJĄCYCH NA ŚWIECIE

Prowadzone do tej pory projekty BIGCC wykazały liczne problemy eksploatacyjne. Były to projekty o charakterze pilotażowym, zaś raporty sporządzone w oparciu o doświadczenia zdobyte w trakcie tych projektów nie zachęcały do ich wprowadzenia na skalę komercyjną.

3.1.1 Instalacja BIGCC w Värnamo (Szwecja) [1]

Instalacja BIGCC w Värnamo została zbudowana w latach 1991- 1993. Instalacja pracowała w fazie pilotażowej w latach 1993-1999. W roku 2000 powstał raport podsumowujący pracę układu, który jasno stwierdzał brak uzasadnienia ekonomicznego dla dalszego funkcjonowania instalacji. Obiekt funkcjonuje dalej jako instalacja testowa na potrzeby programu CHRISGAS (ang. Clean Hydrogen RIch Synthesis GAS - czysty bogaty w wodór gaz syntezowy).

Tab. 3.1 - Podstawowe parametry dla instalacji BIGCC w Värnamo [1]

Moc elektryczna	6 MWe
Moc cieplna	9 MWt
Moc w paliwie	18 MW
Paliwo	Zrębki drzewne (Testowane było także kilka innych paliw)
Sprawność el. (odniesiona do wart. opałowej)	32 %
Sprawność całkowita (od. do wart. opałowej)	83 %
Gazyfikacja - parametry procesu	
Ciśnienie	18 bar
Temperatura	950 °C
Parametry gazu (dla różnych paliw)	
Wartość opałowa	$5{,}0 \div 6{,}3\ MJ/m_n^3$
udział obj. CO	$16{,}0 \div 19{,}0$ %
udział obj. H_2	$9{,}5 \div 12{,}0$ %
udział obj. CH_4	$5{,}8 \div 7{,}5$ %
udział obj. CO_2	$14{,}4 \div 17{,}5$ %
udział obj. N_2	$48{,}0 \div 52{,}0$ %
Zanieczyszczenia w gazie (dla różnych paliw)	
NO_X	$5{,}0 \div 6{,}3\ ppm/m_n^3$
Benzen	$5\,000 \div 9\,000\ mg/m_n^3$
Lekkie smoły	$1\,500 \div 3\,700\ mg/m_n^3$
Sole metali alkalicznych	$\sim 0{,}1\ ppm/m_n^3$
Parametry pary z kotła odzyskowego	
Temperatura	455 °C
Ciśnienie	40 bar

Rys. 3.1 - Instalacja BIGCC w Värnamo - schemat blokowy [1]

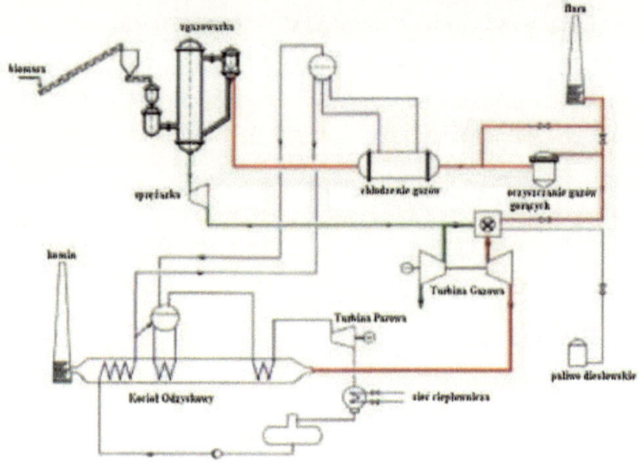

Instalacja w Värnamo pracowała wg. schematu przedstawionego na *rys. 3.1*. Właścicielem instalacji jest spółka Sydkraft AB. Rolę inzyniera kontraktu pełniła firma Foster Wheeler. Ona też dostarczyła reaktor zgazowującyc ze złożem cyrkulacyjnym fluidalnym, układ schładzania gazu oraz kocioł odzyskowy. Ceramiczny filtr gazów gorących dostarczyła firma Schumacher GmbH, zaś metalowy filtr dostarczyła firma Mott Corporation. Turbinę gazową wyprodukowała firma European Gas Turbines. Dodatkową sprężarke powietrza przed zgazowarką dostarczyła firma Ingersol-Rand. Producentem turbiny parowej była firma Turbinenfabrik Nadrowski GmbH, zaś automatykę sterującą wykonała firma Honeywell.

W trakcie działania instalacji wypróbowano różne rodzaje paliw, m.in: zrębki drzewne, odpady (zrębkowane) gospodarki leśnej, korę i pelety z kory, pelety z pyłu drzewnego, zrębki wierzby, słomę oraz RDF. Jako rezerwowe paliwo dla turbiny gazowej w razie awarii zgazowarki miał służyć olej napędowy.

Rozruch układu trwał ok. 6 godzin i po tym czasie (*rys. 3.2*) układ osiągał stabilne parametry pracy.

Rys. 3.2 - Rozruch instalacji BIGCC w Värnamo[1]*: (1) otwarcie zaworu do turbiny gazowej; (2) strumień masy gazu na wyjściu ze zgazowarki; (3) cisnienie w zgazowarce; (4) wartość opałowa gazu*

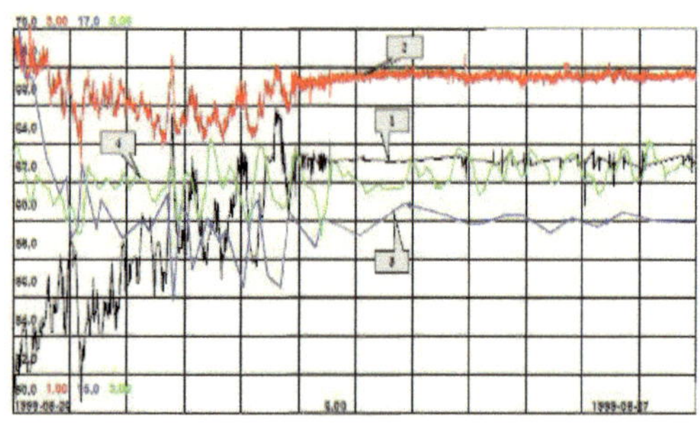

Niska wartość opałowa powodowała niską temperaturę spalania gazu w turbinie gazowej, czego skutkiem była stosunkowo niski poziom emisji tlenków azotu z racji niewielkiej ilości tlenków azotu wygenerowany poprzez mechanizm termiczny [1,2].

Instalacja jako całość przepracowała ok. 3 600 godzin, zaś część elementów, z których kluczowy był układ zgazowania, pracował przez 8 500 godzin. Słabym punktem instalacji okazał się układ oczyszczania gazów gorących. Skuteczność oczyszczania gazu była wysoka, lecz zainstalowane na początku ceramiczne filtry świecowe uległy awarii po 1 200 godzinach pracy. Wstawione na ich miejsce porcelanowe filtry świecowe o nieco innej budowie uległy awarii po ok. 350 godzinach pracy. Jako przyczynę awarii zidentyfikowano fluktuacje temperatury gazu spowodowane zmianą obciążenia zgazowarki. Dla uzyskania niższej awaryjności układu zastosowano wspornik dla świec w postaci kratownicy oraz wymieniono filtry ceramiczne na metalowe. Układ działał przez kolejne 2 500 godzin do zakończenia prac projektu pilotażowego. Nie stwierdzono uszkodzeń mechanicznych filtra, jednak zauważono aglomeracje osadów na powierzchni kratownicy.

Warto zwrócić uwagę na fakt że, układ przepracował w ciągu 6 lat tylko 3 600 godzin, co może świadczyć o tym, że prowadzenie tego typu instalacji nastręczało wielu trudności.

3.1.2 Instalacja ARBRE w Selby (hrabstwo North Yorkshire, Wielka Brytania) [3]

Instalacja rozpoczęła pracę w 1998 roku, a została ostatecznie zamknięta w 2002 roku. Paliwem dla instalacji były zrębki wierzby oraz suszona gnojowica i osady ściekowe.

Układ osiągał moc elektryczną rzędu 8 MW_e. Ciepło odpadowe było wykorzystywane do suszenia biomasy. Instalacja (*rys. 3.3*) posiadała zgazowarkę TPS z cyrkulacyjnym złożem fluidalnym, która pracowała w zakresie temperatur 850 ÷ 900°C. Gaz ze zgazowarki jest oczyszczany ze smoły w krakerze. Część ciepła z gazu jest odzyskiwana do podgrzania wody, z której w kotle odzyskowym wytwarzana jest para wykorzystywana w turbinie parowej. Gaz o temperaturze ok. 180°C jest następnie odpylany przy użyciu filtrów workowych. Następnie trafia on do skrubera, gdzie jest oczyszczany z pozostałych soli metali alkalicznych, amoniaku i węglowodorów o niskiej temperaturze kondensacji. Gaz na wyjściu ze skrubera ma temperaturę ok. 25°C - zostaje on sprężony i trafia do komory spalania turbiny gazowej.

Instalacja została zamknięta w 2002 roku z przyczyn ekonomicznych.

Rys. 3.3 - Schemat blokowy instalacji ARBRE w Selby (Wielka Brytania) [3]

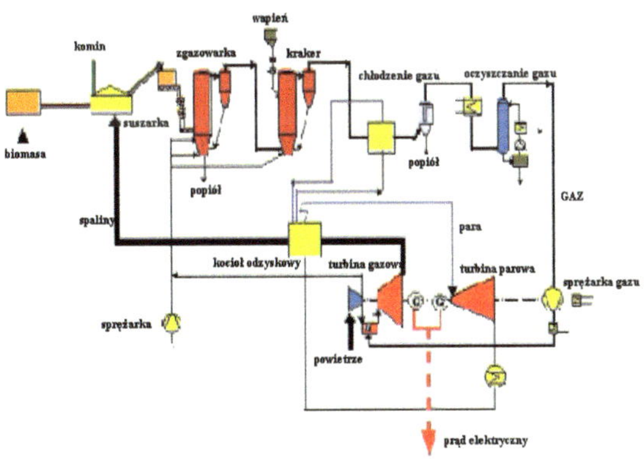

3.2 BIOMASA JAKO PALIWO DLA UKŁADU

Istnieje wiele paliw klasyfikowanych jako biomasowe. W niniejszej pracy skupiono się na analizie wykorzystania energetycznego paliwa alternatywnego jakim są sortowane i niesortowane odpady komunalne. Podstawowym kryterium uznania paliwa z odpadów za paliwo biomasowe jest udział cieplny frakcji biodegradowalnej w energii chemicznej paliwa [4].

Biomasa tego typu może być wykorzystywana jako źródło energii, jednak w jej wypadku należy zachować daleko idącą ostrożność, gdyż zwykle zawiera ona stosunkowo dużo chloru i metali ciężkich (*tab. 3.2*), co może prowadzić do emisji wielu szkodliwych substancji. Kluczem do korzystania z tego zasobu jest uprzednio przeprowadzone sortowanie.

Tab. 3.2 - Wybrane parametry odpadów komunalnych (jako paliwa) dla różnych strumieni odpadów[5]

Parametr	jednostka	MSW **		Przemysłowe		Drewno z wyburzeń
		mieszane	zbiórka selektywna	zbiórka selektywna	monostrumienie *	
Wartość opałowa	MJ/kg	13,3	22,3	20,1	20,1	20,6
Wilgotność	%	24,7	33,6	16,6	11,5	13,4
Popiół	%	16,0	10,2	6,7	9,6	13,8
Chlor	%	0,600	0,400	0,300	0,400	0,700
Fluor	%	0,010	b.d.	b.d.	0,010	0,010
Siarka	%	0,200	0,200	0,100	0,100	0,100
Chlor	% s.m.	0,356	0,225	0,230	0,316	0,510
Fluor	% s.m.	0,006	b.d.	b.d.	0,008	0,007
Siarka	% s.m.	0,119	0,112	0,077	0,079	0,073
Kadm	mg/kg s.m.	0,600	1,200	b.d.	0,800	2,200
Rtęć	mg/kg s.m.	0,400	0,300	0,100	0,200	0,200
Tal	mg/kg s.m.	<0,8	b.d.	b.d.	0,500	0,400
Arszenik	mg/kg s.m.	3,000	8,800	b.d.	1,500	1,000
Kobalt	mg/kg s.m.	3,700	b.d.	b.d.	2,000	2,900
Nikiel	mg/kg s.m.	21,5	20,0	b.d.	6,2	13,1
Selen	mg/kg s.m.	< 2,0	b.d.	b.d.	1,000	0,400
Telur	mg/kg s.m.	< 1,0	b.d.	b.d.	1,000	0,400
Antymon	mg/kg s.m.	10,1	b.d.	b.d.	9,4	10,8
Beryl	mg/kg s.m.	0,200	b.d.	b.d.	0,200	0,200
Ołów	mg/kg s.m.	121,0	52,4	b.d.	25,0	89,0
Chrom	mg/kg s.m.	70,0	140,0	b.d.	20,0	48,0
Miedź	mg/kg s.m.	59,9	80,0	b.d.	48,0	97,5
Mangan	mg/kg s.m.	b.d.	210,0	b.d.	28,0	61,0
Vanad	mg/kg s.m.	6,6	b.d.	b.d.	3,3	3,6
Cyna	mg/kg s.m.	10,5	b.d.	b.d.	7,0	4,0
Cynk	mg/kg s.m.	225,0	340,0	b.d.	b.d.	b.d.
PCB (suma)	wg. DIN 51527	b.d.	b.d.	b.d.	0,200	0,200

* - strumienie odpadów z dominującym udziałem jednej substancji odpadowej (wartości uśrednione na podstawie odpadów z wielu różnych procesów)
** - odpady komunalne stałe (ang. Municipal Solid Waste)

Biomasa tego typu, w najwyższym stopniu, wykorzystywana jest w krajach o rozwiniętej gospodarce odpadami, w których społeczeństwa cechuje wysoka świadomość ekologiczna. Cechą charakterystyczną tego typu biomasy jest duży udział niepalnej substancji mineralnej.

Część odpadów wysypiskowych może zostać wykorzystana jako paliwo RDF (ang. Refuse Derived Fuel - paliwo otrzymane z odpadów). Są to zwykle frakcje o niższej wilgotności i wyższej wartości opałowej. Można je wykorzystać w procesach spalania lub zgazowania, jednak niezwykle ważna jest w tym wypadku kontrola emisji.

Bardziej wilgotne frakcje także można spalić, jednak nie jest to proces optymalny pod względem bilansu cieplnego. Znacznie bardziej racjonalnym wydaje się wykorzystanie frakcji w procesach metanowej fermentacji beztlenowej (produkcja biogazu). Do procesów wytwarzania biogazu przygotowanych do wykorzystania tego typu wsadu należą m.in. [6,7]:

- Valorga,
- Shubio (wcześniej Vabio),
- DRANCO,
- BTA.

Wykres 3.1 - Odpady wysypiskowe z aglomeracji Nowy Jork - typowe wartości opałowe oraz ich wilgotności dla poszczególnych frakcji oraz ich porównanie do wartości opałowej różnych substancji organicznych [6]

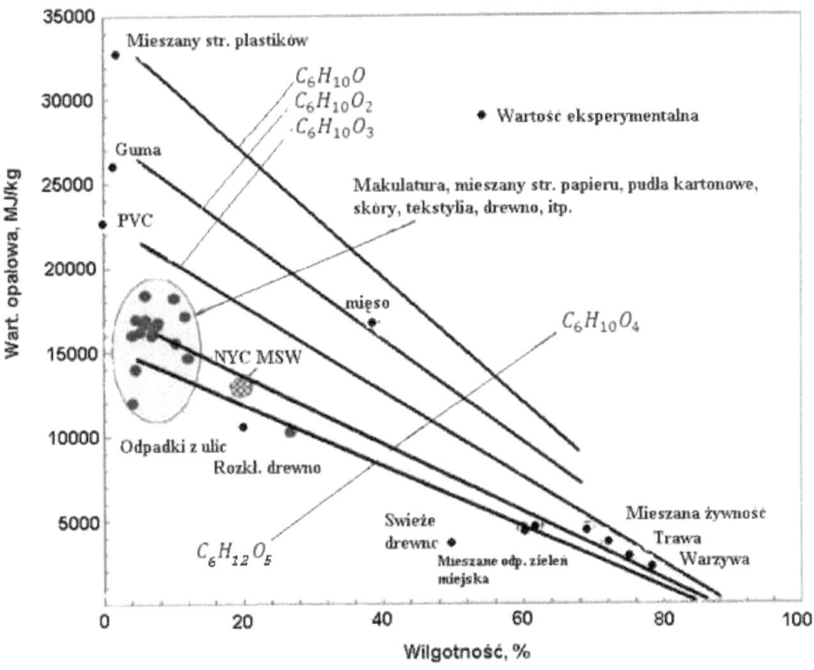

Oprócz stałej dostępności paliwa, jakim są odpady komunalne, warto zwrócić uwagę na inne zalety ich wykorzystania. Obowiązek nałożony na Polskę przez UE nakazuje znacząco zmniejszyć strumień odpadów składowanych na wysypiska. Wykorzystanie ich jako paliwa oprócz uzyskanej energii użytecznej wiąże się także z uniknięciem przez Polskę ewentualnych kar nałożonych przez Komisję Europejską. Maksymalny poziom odpadów jakie mogą być kierowane na składowiska jest określony przez Plan Gospodarki Odpadami [8], jednak strumień kierowany faktycznie na wysypisko może być znacznie mniejszy (jest to sytuacja korzystna).

Kolejnym wartym zauważenia faktem jest względna bliskość wysypisk w stosunku do aglomeracji miejskich, które jednocześnie w związku z ulokowanymi tam zakładami przemysłowymi mają duże zapotrzebowanie na energię elektryczną i często także cieplną. Wytwarzanie energii elektrycznej tak blisko odbiorcy ogranicza starty związane z jej przesyłaniem i istotnie odciąża Krajowy System Energetyczny.

Jako paliwo nominalne dla analizowanego modelu wybrane zostały odpady komunalne. Podstawową cechą tego paliwa jest dostęp do niemal stałego jego strumienia w ciągu całego roku, który w skali całego miasta nie ulega wielkim wahaniom i jest skorelowany z ilością mieszkańców. Dodatkowo paliwo to, w świetle obecnie obowiązujących przepisów, traktowane jest na równi z biomasą naturalna.

3.3 REAKTOR ZGAZOWUJĄCY

Dla analizowanego układu najkorzystniejszym wyborem powinna być zgazowarka fluidalna. Podstawowym powodem jest fakt, że jest to jedyna zgazowarka sprawdzona do tej pory w układach BIGCC. Poza tym istotną zaletą tej technologii jest niewielka wrażliwość na zmiany parametrów jakościowych zgazowywanych paliw i możliwość uzupełniania (w razie ew. braków) paliwa podstawowego (odpady komunalne) innymi rodzajami biomasy, np. zrębkami lub pelletami drzewnymi.

W obszarze zgazowarek fluidalnych technologia reaktorów przypomina do złudzenia technologię kotłów fluidalnych. Różnica tkwi jedynie w nadmiarze podawanego powietrza, który jest w przypadku reaktorów zgazowujących mniejszy od 1.

W reaktorze fluidalnym nie ma wyodrębnionych stref suszenia, pirolizy, oksydacji i redukcji. Strefy te występują w tej samej przestrzeni, a rozgraniczenie jest możliwe jedynie lokalnie [9].

Wyróżnić można trzy rodzaje reaktorów fluidalnych: bąbelkowe, cyrkulacyjne i przepływowe. Różnią się one pomiędzy sobą prędkością przepływu czynnika fluidyzującego (w przypadku zgazowarki także czynnika zgazowującego) przez złoże. W przypadku reaktora bąbelkowego prędkość ta nieznacznie przewyższa prędkość porywania dla materiału złoża, co sprawia że spadek ciśnienia w złożu jest w stanie wprowadzić je w stan fluidyzacji. Nie jest jednak możliwe porywanie znaczącej części złoża. W przypadku reaktorów cyrkulacyjnych prędkość czynnika a tym samym spadek ciśnienia na złożu jest na tyle duży, że znacząca część złoża jest porywana i musi zostać zawrócona do reaktora przy pomocy cyklonów. Prędkość przemieszczającego się paliwa jest mniejsza od prędkości czynnika i powstającego w reaktorze gazu - tzn. istnieje duży poślizg między nimi. W przypadku reaktora przepływowego prędkości czynnika są wysokie, zaś prędkości materiału złoża są do nich zbliżone. Materiał złoża jest zawracany do reaktora przy pomocy cyklonu.

Tab. 3.3 Typowe parametry dla fluidalnego reaktora zgazowującego [9,10]

PARAMETR	WARTOŚĆ
rozdrobnienie paliwa	$1 \div 20\ mm$
zawartość popiołu w paliwie (stan suchy)	$< 25\%$
temperatura procesu	$750 \div 950\ °C$
wydajność (wytwarzany gaz)	$1 \div 50\ MW_t$
czas rozruchu	*kilka godzin*
zawartość smoły w gazie	$1 \div 15\ g/m_n^3$
zaw. popiołu (bąbelkowe)	$2 \div 20\ g/m_n^3$
zaw. popiołu (cyrkulacyjne)	$10 \div 35\ g/m_n^3$

Główne **zalety** tego typu zgazowarek :

- ✓ dostępne duże zakresy mocy reaktorów (moc w wytworzonym paliwie gazowym),
- ✓ względnie niskie temperatury procesu umożliwiają wykorzystanie paliwa o niskiej temperaturze mięknięcia popiołów,
- ✓ duża elastyczność co do wilgotności paliwa i zawartości części mineralnych,
- ✓ duża elastyczność w przypadku pracy pod niepełnym obciążeniem,
- ✓ możliwości prowadzenia procesu pod wysokim ciśnieniem i osiągania wysokich ciśnień wytwarzanego gazu (brak potrzeby sprężania gazu przed turbiną gazową),
- ✓ możliwość zastosowania katalizatorów lub absorbentów jako część materiału złoża.

Główne **wady** tego typu zgazowarek :

- ➢ zapotrzebowanie na moc elektryczną (stosunkowo wysokie) zwłaszcza w reaktorach wysokociśnieniowych (sprężanie czynnika fluidyzującego/zgazowującego),
- ➢ duża złożoność układu (koszty inwestycyjne, koszty utrzymania),
- ➢ relatywnie wysoka zawartość cząstek stałych (popiołów) w wytwarzanym gazie.

3.4 UKŁAD GAZOWO PAROWY

Układy gazowo-parowe to układy kombinowane. Oznacza to, że układ jako całość realizuje (co najmniej) dwa obiegi termodynamiczne. Układy gazowo-parowe należą do hierarchicznych układów energetycznych, tzn. obiegi muszą być realizowane w określonej kolejności. Kolejność ta zdeterminowana jest w głównej mierze wykorzystywanymi czynnikami obiegowymi, ich właściwościami oraz parametrami stanu w poszczególnych punktach realizowanego obiegu. Układ gazowo-parowy jest połączeniem otwartego układu gazowego i zamkniętego układu parowego [11].

Idealny silnik cieplny realizuje obieg Carnota, co stanowi górne ograniczenie sprawności takiej maszyny. Połączenie obiegu gazowego i parowego prowadzi do karnotyzacji obiegu czyli przybliżenia obiegu maszyny do obiegu idealnego, co oznacza w praktyce większą sprawność konwersji energii w takiej maszynie. Jest to pożądane zarówno ze względów ekonomicznych jak i ekologicznych wspomnianych we wstępie.

Część gazowa (układ turbiny gazowej) składa się z następujących urządzeń: sprężarka; komora spalania; turbina gazowa. W skład turbozespołu turbiny gazowej wchodzi także generator. Jest to jednak maszyna elektryczna służąca do generowania energii elektrycznej i nie ma ona wpływu na przemiany czynnika roboczego, a jedynie korzysta z pracy użytecznej przekazanej poprzez wał napędowy. Układ turbiny gazowej realizuje obieg porównawczy Braytona-Armengauda. Obieg ten złożony jest z następujących przemian termodynamicznych [12]: (a) adiabatyczne sprężanie realizowane przez sprężarkę; (b) izobaryczne podgrzewanie (spalanie - doprowadzenie ciepła) realizowane w komorze spalania; (c) adiabatyczne rozprężanie w turboekspanderze turbiny gazowej; (d) izobaryczne ochładzanie (odprowadzenie ciepła). W przypadku układu otwartego turbiny gazowej ochładzanie spalin dokonuje się dzięki ich wymieszaniu z chłodniejszym powietrzem zewnętrznym. W przypadku układu gazowo parowego ochładzanie spalin rozpoczyna się w kotle odzyskowym.

Część parowa (układ turbiny parowej) składa się z następujących urządzeń: kocioł odzyskowy; turbina parowa; skraplacz; pompa wody zasilającej.

W skład układu turbiny parowej wchodzi także odgazowywacz. Nie jest on niezbędny dla funkcjonowania układu, lecz jego stosowanie jest podyktowane względami technicznymi. Układ turbiny parowej realizuje obieg porównawczy Clausiusa-Rankina. Obieg ten składa się z następujących przemian termodynamicznych [12]: (a) izobaryczne podgrzewanie i parowanie (doprowadzenie ciepła) - kocioł odzyskowy; (b) izentropowe rozprężanie - turbina parowa; (c) izobaryczne ochładzanie (odprowadzenie ciepła) - skraplacz.

W obiegu odbywa się także przemiana polegająca na sprężaniu cieczy w pompie zasilającej. Odbywa się ona przy stosunkowo niewielkim przyroście ciśnień i temperatury, więc jej wpływ uznawany jest za pomijalnie mały [12].

W przypadku układu gazowo-parowego zintegrowanego ze zgazowaniem biomasy głównym problemem natury technicznej jest wzajemna współpraca różnych podzespołów. Kluczowe jest właściwe oczyszczenie gazu przed turbiną gazową. Istotnym zagadnieniem jest także spalanie gazów niskokalorycznych w turbinie gazowej. Wykorzystanie zgazowarki fluidalnej ciśnieniowej (CFB) sprawia, że gaz przed turbiną (przy odpowiednich parametrach procesu zgazowania) ma dostatecznie wysokie ciśnienie i nie trzeba go sprężać. Konieczność sprężania gorącego gazu zwłaszcza przy tak znacznym jego strumieniu masowym (związanym z wysoką zawartością gazów inertnych) powodowałaby znaczny wzrost zużycia energii. Pomimo tego faktu układ dostarczania paliwa do turbiny gazowej musi ulec pewnym zmianom, gdyż dostarczany strumień paliwa jest, w stosunku do dostarczanego powietrza, znacznie większy niż ma to miejsce w przypadku gdy paliwem do turbiny jest gaz wysokokaloryczny (np. gaz ziemny).

3.5 WYBRANE TECHNOLOGIE OCZYSZCZANIA GAZÓW Z PROCESU ZGAZOWANIA

W przypadku gazu pochodzącego ze zgazowania biomasy dobór odpowiedniej technologii oczyszczania gazu zależy od:

- parametrów biomasy wykorzystywanej jako wsad do reaktora,
- wykorzystywanej technologii zgazowania,
- wymagań systemu wykorzystującego gaz.

Technologie oczyszczania gazu w zdecydowanej większości wywodzą się z układów oczyszczania spalin stosowanych w energetyce klasycznej.

Zwykle układ oczyszczania gazu nie składa się z jednego urządzenia, lecz kilku ułożonych kaskadowo. Niektóre urządzenia, jak np. cyklony, są proste i nie nakładają żadnych ograniczeń co do parametrów oczyszczanego gazu, lecz ich skuteczność oczyszczania jest ograniczona i pozwalają pozbyć się jedynie części zanieczyszczeń. Inne urządzenia mogą prowadzić do istotnego obniżenia sprawności układu gazowo-parowego zintegrowanego ze zgazowaniem biomasy, ponieważ trzeba istotnie obniżyć parametry gazu przed ich zastosowaniem. W przypadku skruberów jest to temperatura, zaś w przypadku elektrofiltrów ciśnienie gazu.

Część urządzeń jest w stanie pracować bez znacznego obniżania parametrów gazu, jednak są one wrażliwe na zmienność tych parametrów i fluktuacje obciążeń. Ich awaryjność może prowadzić do znacznego wzrostu kosztów utrzymania instalacji.

W przypadku układu gazowo-parowego najbardziej istotne jest odpylanie gazów. Najczęstsza przyczyną awarii jest oblepianie łopatek turbiny. Dzieje się to na skutek kondensacji soli chloru i potasu oraz smół, które powodują, wraz z drobinami pyłów, tworzenie zestalonej masy lepiącej się do łopatek turbiny [10]. Powoduje to niewyważenie jej wału oraz utratę wytrzymałości łopatek. Wytrzymałość łopatek turbiny gazowej jest obniżana także poprzez fizyczne oddziaływanie pyłów (erozja łopatek).

Usuwanie smół odbywa się poprzez reforming termiczny, polegający na wykorzystaniu pary wodnej lub plazmy [13,10] reforming katalityczny lub poprzez kondensację np. w skruberach.

Oczyszczanie gazów pochodzących ze zgazowania biomasy jest procesem problematycznym. Z jednej strony stosowane technologie mogą prowadzić do obniżenia parametrów gazu (temperatura, ciśnienie), co przekłada się na spadek sprawności, a tym samym stawia pod znakiem zapytania sensowność koncepcji BIGCC. Z drugiej strony technologie nie prowadzące do istotnego obniżenia sprawności nie są wystarczające, aby dostatecznie oczyścić gaz lub ich awaryjność w istotny sposób ogranicza dostępność układu, elastyczność jego pracy i podwyższa koszty eksploatacyjne.

Jako pierwszy stopień oczyszczania można uznać cyklon, który jest integralną częścią zgazowarki (a także kotła) fluidalnej. Zasadę działania cyklonu przedstawia *rys. 3.4*.

Rys. 3.4 - Separator cyklonowy z tangencjalną i osiową generacją wiru [14]

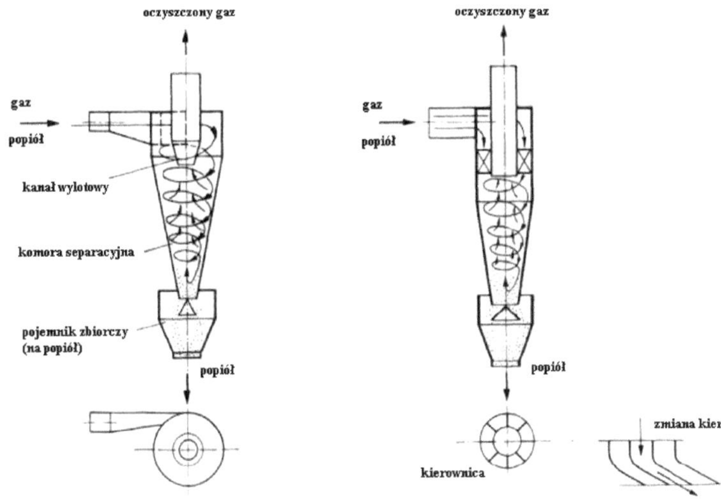

Odpylacze cyklonowe służą do odpylania gazów i stanowią one zwykle pierwszy etap procesu oczyszczania gazu. Ich skuteczność ograniczona jest do cząstek stałych o średnicy aerodynamicznej większej niż 10 μm [10]. Cyklony wykorzystują inercję cząstek, aby usunąć je ze strumienia gazów. W ich wnętrzu tworzy się podwójny wir (*rys.3.4*). Wir zewnętrzny kieruje cząstki i gaz na dół, zaś wewnętrzny unosi gaz ku górze. W przypadku dostatecznie dużych cząstek ich moment bezwładności po wykonaniu kilku okrążeń wewnątrz komory (w wirze zewnętrznym) przewyższa siły aerodynamiczne związane z porywaniem cząstki przez gaz. Cząstki te opadają na sam dół komory cyklonu skąd usuwane są do pojemnika zbiorczego (przy użyciu np. podajnika ślimakowego).

Sprawność odpylania jest w przypadku cyklonów funkcją rozmiaru odpylanych cząstek (średnica aerodynamiczna) i konstrukcji urządzenia.

Temperaturę gazów w cyklonie ograniczają jedynie zastosowane materiały konstrukcyjne. Zwykle cyklony mogą operować przy temperaturach gazu osiągających nawet 540°C.

Wyższa sprawność odpylania cyklonu idzie zwykle w parze z większymi spadkami ciśnienia gazu w cyklonie. Dlatego konstrukcja cyklonu częściej jest ograniczona poprzez maksymalny dopuszczalny spadek ciśnienia niż przez wymaganą sprawność odpylania [10].

Drugą, ważną z punktu widzenia układu, kategorią filtrów, w której mieści się wiele różnych rodzajów filtrów, jest grupa tzw. przepuszczalnych barier. Cechą wspólną wszystkich urządzeń tego typu jest ich zasada działania. Każdy z nich stanowi przepuszczalną bądź półprzepuszczalną barierę, przez którą jest w stanie przedostać się gaz, natomiast zanieczyszczenia stałe pozostają na jej powierzchni.

Najpopularniejszym rozwiązaniem są tzw. filtry świecowe (*rys. 3.5*). Porowatymi elementami są w tym wypadku świece (elementy filtrujące). Urządzenia tego typu cechują się dużą wrażliwością na zmiany parametrów gazu i na pracę pod niepełnym obciążeniem. Największym zagrożeniem są fluktuacje temperatur gazu, które prowadzą do powstawania uszkodzeń na powierzchni świec [10].

Porowate bariery maja różne kształty i najczęściej są zbudowane z materiałów ceramicznych (*rys. 3.5*). Istotną zaletą tego typu filtrów jest możliwość nanoszenia na ich powierzchnię różnego rodzaju katalizatorów co pozwala na usuwanie innych, niż pyły, zanieczyszczeń.

Rys. 3.5 - Filtr świecowy oraz filtr ceramiczny o przepływie krzyżowym - budowa [14]

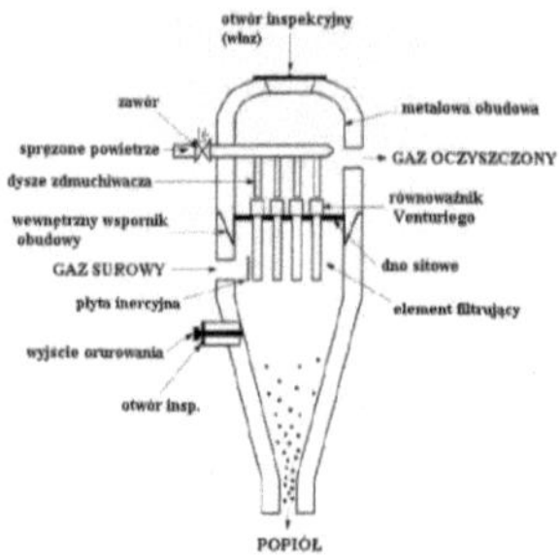

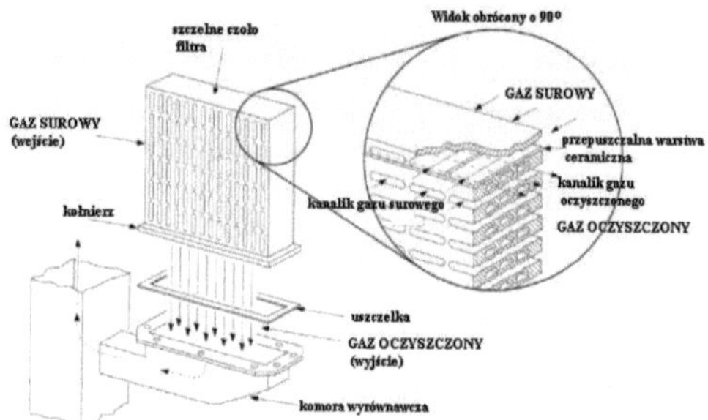

Bariera może mieć tez postać upakowanego złoża. Zaletą stosowania takiego typu filtra jest łatwość jego wymiany oraz możliwość stosowania różnego rodzaju adsorbentów (np. węgiel aktywny) jako materiałów złoża co pozwala usuwać z gazu zanieczyszczenia inne niż pyły (smoły) [10]. Usuwanie zanieczyszczeń ze złoża może odbywać się także poprzez ich wypłukiwanie przez ciecz (wodę), co upodabnia niektóre z filtrów do skruberów i nakłada na nie podobne ograniczenia.

Poza zakresem tej pracy znajdują się pozostałe urządzenia oczyszczające spaliny z instalacji wykorzystującej odpady komunalne lub RDF, bez których instalacja taka nie mogłaby funkcjonować.

3.6 ISTNIEJĄCE W POLSCE SYSTEMY WSPARCIA WYTWARZANIA ENERGII ELEKTRYCZNEJ Z ODNAWIALNYCH ŹRÓDEŁ ENERGII

Systemy wsparcia wytwarzania energii elektrycznej ze źródeł odnawialnych i kogeneracji są efektem przyjęcia przez Polskę zobowiązań międzynarodowych związanych z podpisaniem traktatu akcesyjnego do Unii Europejskiej. Polskie prawodawstwo w tym zakresie jest efektem dyrektyw Komisji Europejskiej [15], czyli realizacją tzw. zasady miękkiego prawa. Według tej zasady Komisja Europejska wydaje Dyrektywy, jednak są one jedynie wytycznymi, natomiast państwo członkowskie ma obowiązek ich implementacji w swoim prawodawstwie w oparciu o swój system prawny i jego specyfikę.

Na podstawie implementacji tych Dyrektyw w prawie Rzeczpospolitej Polskiej zarówno wytwórcy energii, jak i przedsiębiorstwa obrotu, sprzedające energię odbiorcom końcowym, zobowiązani są uzyskać i przedstawić do umorzenia prezesowi Urzędu Regulacji Energetyki świadectwa pochodzenia energii albo alternatywnie uiścić opłatę zastępczą obliczoną zgodnie z obowiązującymi przepisami (Ustawa *Prawo energetyczne* z dnia 01.07.2011).

Świadectwa pochodzenia energii elektrycznej to element systemu wsparcia produkcji energii elektrycznej z wykorzystaniem bardziej efektywnych technologii (kogeneracja) i źródeł odnawialnych. Celem jest oszczędność paliw kopalnych i ograniczenie emisji dwutlenku węgla.

Szczegóły związane z metodyką wykonywanych obliczeń określone są w aktach wykonawczych dla ustawy tj. rozporządzeniach odpowiedniego ministra (Dziennik Ustaw 2011, Nr 176, poz. 1052 - Rozporządzenie Ministra Gospodarki z dnia 26 lipca 2011 - „w sprawie sposobu obliczania danych podanych we wniosku o wydanie świadectwa pochodzenia z kogeneracji oraz szczegółowego zakresu obowiązku uzyskania i przedstawienia do umorzenia tych świadectw, uiszczania opłaty zastępczej i obowiązku potwierdzania danych dotyczących ilości energii elektrycznej wytworzonej w wysokosprawnej kogeneracji").

Obecnie istnieją następujące rodzaj certyfikatów (E i F nie zostały jeszcze wdrożone):

A) certyfikaty zielone – świadectwa pochodzenia energii elektrycznej z odnawialnych źródeł energii,
B) certyfikaty czerwone - świadectwa pochodzenia energii elektrycznej z tzw. wysokosprawnej kogeneracji,
C) certyfikaty żółte (wcześniej niebieskie) - świadectwa pochodzenia z małych źródeł kogeneracyjnych opalanych gazem lub o mocy elektrycznej poniżej 1 MW,
D) certyfikaty fioletowe - świadectwa pochodzenia ze źródeł wykorzystujących gaz z odmetanowania kopalń lub biogaz,
E) certyfikaty pomarańczowe - ze źródeł zaopatrzonych w instalacje wychwytywania i zatłaczania dwutlenku węgla (CCS – Carbon Capture and Storage),
F) certyfikaty błękitne - z nowych, wysokosprawnych źródeł,
G) certyfikaty białe - mające na celu promowanie poprawy efektywności energetycznej i obniżanie zużycia energii końcowej.

System wsparcia ma swoje ramy funkcjonowania, które jednak są różne dla różnych certyfikatów. Certyfikaty zielone, fioletowe oraz białe funkcjonować będą co najmniej do 2018 roku, zaś certyfikaty żółte i czerwone na chwile obecną mają zapewniona ważność do 2012 roku. Ze względu na obecną politykę klimatyczną system prawdopodobnie zostanie utrzymany, jednak niepewność co do szczegółowych warunków tych regulacji wprowadza dodatkowe ryzyko dla inwestycji, których opłacalność ma być oparta na tych certyfikatach.

3.7 OPROGRAMOWANIE CYCLE-TEMPO

Cycle-Tempo jest programem przeznaczonym do sporządzania modeli *0-D* dla układów i wykonywania dla nich obliczeń cieplno bilansowych [16].

Model w Cycle-Tempo składa się z aparatów i rur. Aparaty to modele maszyn i urządzeń energetycznych, zaś rury to połączenia pomiędzy nimi. Rury w Cycle-Tempo nie są odpowiednikiem orurowania w rzeczywistej instalacji i nie określa się ich parametrów. Istnieje natomiast możliwość zamodelowania strat energii wynikających z praw mechaniki płynów.

Rys. 3.6 - Schemat blokowy układu sporządzony w Cycle-Tempo i odpowiadający mu układ równań w postaci macierzowej rozwiązywany przez program [16]

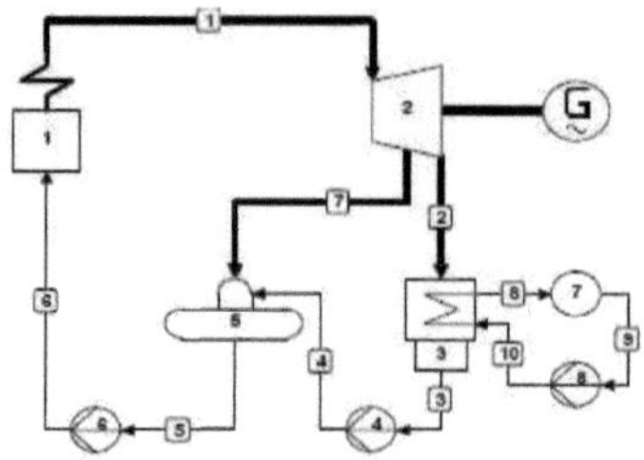

rury →

aparaty	nr.	1	2	3	4	5	6	7	8	9	10				
kocioł	1	-1					-1						m_1		0
turbina	2	1	-1					-1					m_2		0
skraplacz	3		1	-1					-1		1		m_3		0
skraplacz (woda chł.)	3								-1		1		m_4		0
odgazowywacz	5				1	-1		1				·	m_5	=	0
pompa	4					1	-1						m_6		0
pompa	8									1	-1		m_7		0
odgazowywacz	5				h_4	$-h_5$		h_7					m_8		0
skraplacz	3		h_2	$-h_3$					$-h_8$		h_{10}		m_9		0
turbina	2	h_1	$-h_2$					$-h_7$					m_{10}		P_{el}

Program został stworzony na potrzeby przeprowadzania obliczeń parametrów termodynamicznych równań stanu, składu czynników roboczych oraz strumieni masy i energii w systemach wytwarzających energię elektryczną, ciepło i chłód [16].

Program jest w stanie obliczyć:

- bilans masy,
- bilans molowy,
- bilans energii,
- bilans egzergii,
- wzajemne relacje pomiędzy parametrami stanu (dla poszczególnych składowych układu).

Program Cycle-Tempo korzysta z wyznaczonych eksperymentalnie relacji, pozwalających wykonywać obliczenia termodynamiczne dla różnych czynników roboczych takich jak: woda i para wodna; prawie 50 różnych gazów, które mogą pojawić się w systemie (program wykonuje obliczenia w oparciu o stany równowagi chemicznej); czynniki chłodnicze; sole potasu; mieszaniny amoniak/potas (chłodziarki absorpcyjne, układ Kalina).

4 MODEL EC GAZOWO-PAROWEJ 70 MW_t

4.1 WSTĘPNE ZAŁOŻENIA DLA ANALIZOWANEGO MODELU

4.1.1 Ogólne uwarunkowania zewnętrzne

Warunkiem niezbędnym do spełnienia w przypadku każdej inwestycji jest jej uzasadnienie ekonomiczne. Idea kogeneracji polega, w dużym uproszczeniu, na wytwarzaniu dwóch (lub więcej) produktów. W przypadku elektrociepłowni produktami są energia elektryczna i ciepło.

Energia elektryczna jest w tym przypadku produktem bardziej wartościowym, zarówno w rozumieniu termodynamicznym jak i ekonomicznym. W rozumieniu termodynamicznym miarą jakości energii jest możliwość jak najefektywniejszej jej konwersji, która kryje się pod pojęciem egzergii. Energię elektryczną można stosunkowo łatwo i przy niewielkich stratach zamienić na pracę, ciepło lub strumień promieniowania (w zakresie widzialnym jest to światło). Przesyłanie energii elektrycznej, zwłaszcza na duże odległości, jest łatwiejsze i dużo bardziej efektywne niż w przypadku ciepła.

W sensie ekonomicznym wyciagnięcie jednoznacznych wniosków jest nieco bardziej skomplikowane. Ciepło pomimo zdecydowanie gorszej jakości w sensie termodynamicznym, jest jednak, zwłaszcza w zimie, artykułem pierwszej potrzeby. Nagły brak ciepła może w najlepszym wypadku istotnie zmniejszyć komfort przebywania w pomieszczeniach, zaś w najgorszym nieść za sobą istotne implikacje zdrowotne. Ceny ciepła w Polsce są obecnie regulowane przez Urząd Regulacji Energetyki, zaś ceny energii elektrycznej są regulowane wyłącznie dla gospodarstw domowych (taryfy G). Ceny energii elektrycznej dla przedsiębiorców są wolne (ustalane przez rynek), choć pewne regulacje związane z wypełnianiem przez Polskę zobowiązań międzynarodowych (Pakiet Klimatyczny i dyrektywy UE w sprawie Odnawialnych Źródeł Energii) mają na nie wpływ.

W każdym jednak przypadku właściwy dobór mocy znamionowej bloku energetycznego jest istotny, z punktu widzenia efektywności ekonomicznej inwestycji. Podstawowym kryterium doboru mocy bloku jest zapotrzebowanie konsumentów na energię. Jednak w przypadku instalacji kogeneracyjnej mowa jest zarówno o dwóch różnych rodzajach energii jak i dwóch różnych rodzajach użytkowników. Energię elektryczną można w dosyć łatwy sposób przesyłać przy pomocy Krajowego Systemu Elektroenergetycznego. Także rynek energii skonstruowany jest w taki sposób, że położenie geograficzne konsumenta i producenta względem siebie nie ma żadnego znaczenia (tzw. Model Miedzianej Płyty). W takim wypadku także ilość wyprodukowanej energii elektrycznej nie ma aż takiego znaczenia, gdyż jest ona w stosunku do ilości energii wyprodukowanej w kraju znikomo mała. Znaczenie ma natomiast pora dnia w jakiej wytwarzana jest energia elektryczna, gdyż energia produkowana w tzw. szczycie (gdy zużycie jest największe) osiąga najwyższe ceny.

W przypadku ciepła konsumenci znajdują się w zasięgu sieci ciepłowniczej. Ze względu na straty energii (straty ciepła poprzez przenikanie przez ściany rurociągu oraz straty hydrauliczne związane z przepompowywaniem nośnika ciepła) transport ciepła odbywa się na znacznie mniejsze dystanse niż transport energii elektrycznej. W tym przypadku zapotrzebowanie odbiorców ma kluczowe znaczenie w kwestii optymalnego doboru układu gazowo-parowego. Zbyt mała moc implikuje ewentualne niedogrzanie u odbiorców, zaś zbyt duża generuje wzrost kosztów inwestycyjnych w stosunku do produkcji, co wydłuża okres zwrotu z inwestycji.

4.1.2 Uporządkowany wykres zapotrzebowania na ciepło

Zwykle, gdy analizowana jest jakakolwiek inwestycja związana z wytwarzanie ciepła na potrzeby odbiorców przyłączonych do sieci ciepłowniczej (w tym także inwestycja w blok kogeneracyjny), kluczowym jest optymalny dobór mocy znamionowej do zapotrzebowania odbiorców, zapewniający bezpieczeństwo dostaw ciepła. Zapotrzebowanie szacowane jest na podstawie potrzeb odbiorców, którzy są lub mają zostać przyłączeni do sieci ciepłowniczej.

W przypadku niniejszej pracy wymagane jest nieco inne podejście. Szacowane zapotrzebowanie na ciepło o wielkości 70 MW może zostać wykorzystane np. do nadbudowy istniejących bloków ciepłowniczych (opalanych węglem) w istniejącej ciepłowni/elektrociepłowni lub budowy konkurencyjnego źródła w formule TPA.

Istotnym czynnikiem determinującym zapotrzebowanie na produkowane ciepło jest temperatura zewnętrzna. Zgodnie z podstawową wiedzą z zakresu termodynamiki ciepło przepływa w sposób samorzutny w kierunku przeciwnym w stosunku do gradientu temperatury. Odnosząc to do odbiorcy ciepła - ciepło przepływa od wewnętrznej części przegrody (ściany) do części zewnętrznej. Po obu stronach przegrody jest ono przekazywane przy pomocy konwekcji. Poza tym część ciepła tracona jest wraz z uchodzącym z pomieszczenia ciepłym powietrzem (powietrze wentylacyjne), które jest zastępowane powietrzem zimnym, lecz nieco bogatszym w tlen. W zasadzie przepływ ten jest powodem, dla którego w ogóle istnieje ciepłownictwo. Ciepło dostarczane do odbiorcy służy do uzupełnienia strat ciepła, jakie mają miejsce w wyniku zachodzenia ww. zjawisk. Dodatkowo w ciągu całego roku występuje zapotrzebowanie na ciepło do przygotowania ciepłej wody użytkowej (CWU), które można szacować na ok. 10-15% mocy szczytowej.

Także w wypadku samego bloku gazowo-parowego (a także innych systemów, w których konwersja energii zachodzi przy pomocy spalania paliw) temperatura powietrza zewnętrznego ma duże znaczenie. Reakcja polegająca na spaleniu określonej ilości paliwa dostarcza określoną ilość ciepła. Niższa temperatura powietrza do spalania oznacza niższą temperaturę spalin na wyjściu z komory spalania, co w konsekwencji oznacza niższą entalpię spalin, niższą temperaturę na wlocie do turbiny, a później ich niższą temperaturę w kotle odzyskowym. Powoduje to spadek mocy cieplnej bloku i sprawności wytwarzania energii elektrycznej. Można ją przywrócić do wartości nominalnych, ale wymaga to doprowadzenia dodatkowej ilości paliwa. Niższa temperatura początkowa powietrza, przy tym samym stopniu sprężania, powoduje zmniejszenie mocy sprężarki, jednakże jedynie w części rekompensuje to ogólny spadek sprawności. Dla każdego wymiennika ciepła, w tym dla kotła odzyskowego, mniejsza różnica temperatur pomiędzy spalinami a czynnikiem obiegowym (woda/para) oznacza mniejszą moc. Podsumowując temperatura zewnętrzna ma wpływ na sprawność bloku gazowo-parowego.

Sieć ciepłownicza zwykle umieszczona jest w gruncie, a temperatura powietrza zewnętrznego nie przekłada się bezpośrednio na temperaturę gruntu. Jednak w przypadku bilansu ciepła dla gruntu, ciepło odbierane od gruntu przez masy powietrza dzięki konwekcji także ma swoje znaczenie razem ze zmniejszonym strumieniem ciepła dostarczanego przez promieniowanie słoneczne. Sumarycznie przekłada się to na litosferę oraz hydrosferę i tym samym implikuje zwiększone straty ciepła w ciepłociągach w zimie.

W większym stopniu nawet wpływ ten uwidacznia się w przypadku podgrzewania wody na cele użytkowe. Woda z wodociągów w lecie może osiągać temperaturę 15 °C, zaś w zimie 5°C [17]. Ma to istotny wpływ na wzrost zapotrzebowania ciepła na podgrzanie tej wody, co razem ze wzrostem ciepła na ogrzewanie pomieszczeń wprowadza istotna zmienność w zakresie zapotrzebowania na ciepło.

Ciepło to transportowane jest poprzez sieć ciepłowniczą, która składa się (w dużym uproszczeniu) z izolowanych rur i armatury. Geometria tych rur, w tym średnica, jest cały czas taka sama. Wraz ze wzrostem ilości transportowanego ciepła niezbędne jest zwiększenie temperatury czynnika (co ma swoje ograniczenia związane z punktem pęcherzyków - tworzenie się pary) bądź strumienia masy/objętości (a tym samym prędkości przepływu czynnika).

W pierwszym przypadku rośnie różnica temperatur pomiędzy czynnikiem a gruntem, co przekłada się na straty ciepła przez przewodzenie. W drugim przypadku rosną straty hydrauliczne, co przekłada się na ilość energii elektrycznej zużywanej przez pompy.

Zmienność zapotrzebowania wpływa także na wskaźnik skojarzenia σ, gdyż rośnie udział ciepła w ogólnym bilansie bloku. Zmiana wskaźnika skojarzenia wraz ze zmianą sprawności elektrycznej bloku wpływa na stopień wykorzystania paliwa (EUF). Podsumowując temperatura zewnętrzna (częstość występowania poszczególnych jej wartości) ma istotny wpływ zarówno na dobór parametrów bloku gazowo-parowego, jak i na jego późniejszą efektywność ekonomiczną.

Z powyższych względów niezbędne jest poznanie rozkładu temperatur, jakie mogą wystąpić w danym miejscu. Można to uzyskać poprzez przeprowadzenie serii pomiarów w danym miejscu. Istnieją też metody uproszczone, które choć są obarczone pewnym błędem, to jednak bywają stosowane [17,18, 19].

Na potrzeby niniejszej pracy przyjęte zostało założenie, że miejsce usytuowania elektrociepłowni oraz jej odbiorców odpowiada warunkom klimatycznym panującym w okolicach stacji meteorologicznej Wrocław [20, 21]. Wykorzystanie tych danych ma głębokie uzasadnienie, gdyż podstawą ich skompilowania były wymagania dotyczące sporządzania charakterystyk energetycznych budynków, a opierają się one na serii wieloletnich pomiarów. Pomiary były wykonywane dla każdej z 8 760 godzin w roku. Następnie dla każdej z tych godzin wyciągnięta została średnia ważona. Daje to obraz typowej średniej temperatury oraz częstości jej wystąpienia w ciągu roku (*wykres 4.1*).

Wykres 4.1 - Typowy rok, temperatury dla stacji meteorologicznej Wrocław (sporządzony na podstawie danych z [20])

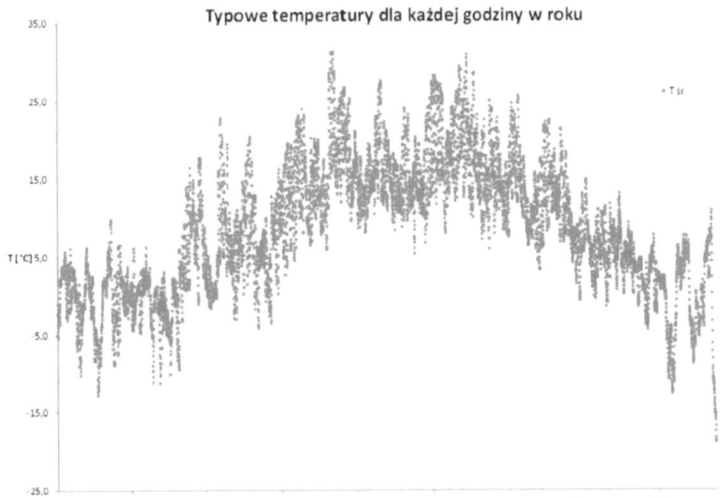

W razie zmiany potrzeby odniesienia niniejszego projektu do innej lokalizacji wystarczy jedynie pobranie i wykorzystanie danych odnośnie innej, najbliższej stacji meteorologicznej.

Warto zauważyć dużą koherentność informacji pochodzących z różnych źródeł, gdyż najniższa wieloletnia średnia temperatura (po zaokrągleniu do pełnej jednostki) jest równa temperaturze projektowej. W przypadku Wrocławia, który położony jest w II strefie klimatycznej, wynosi ona - 18 °C.

Dla niniejszej pracy większe znaczenie ma uporządkowany wykres temperatur (*wykres 4.2*). Obrazuje on ilość godzin, w jakich wystąpiła temperatura mniejsza bądź równa od danej.

Wykres 4.2 - Uporządkowany wykres temperatur

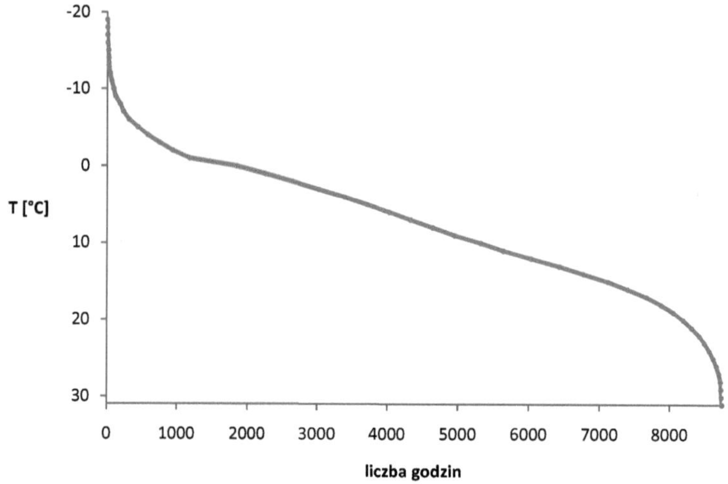

Informacje zawarte na powyższym wykresie są niezbędne do stworzenia uporządkowanego wykresu zapotrzebowania na ciepło. Metodyka opracowywania tego wykresu jest szczegółowo przedstawiona w Dodatku A. Ze względu na wspomniane wcześniej wstępne założenie, że znamionowa moc cieplna bloku parowo-gazowego jest w stanie pokryć szczytowe zapotrzebowanie na ciepło, niezbędne było przyjęcie kilku założeń co do profilu zużycia ciepła przez odbiorców.

W skład zbioru niezbędnych danych weszły między innymi:

- dane dotyczące zapotrzebowania ciepła na cele grzewcze na mieszkańca (w tym wymagana temperatura wewnątrz ogrzewanych pomieszczeń),
- dane dotyczące zapotrzebowania ciepła na podgrzanie ciepłej wody użytkowej (w tym wymagana temperatura ciepłej wody, temperatura wody wodociągowej latem i zimą oraz dobowe zużycie wody na mieszkańca).

Założenia te zostały przyjęte na podstawie materiałów źródłowych [17] i są to wartości typowe, często spotykane w praktyce. Dzięki znajomości stosunku ciepła na podgrzanie c.w.u. do ciepła dla celów grzewczych możliwe było wyodrębnienie (przy zastosowaniu proporcji) mocy cieplnej źródła przeznaczanej na te cele. Zostało przyjęte założenie, że zapotrzebowanie na ciepło do podgrzania c.w.u. jest stałe (choć ma różne wartości w sezonie i poza sezonem grzewczym) - założenie to nie jest obarczone znacznym błędem [17].

Każda wartość temperatury zewnętrznej została przyporządkowana do konkretnej mocy cieplnej układu gazowo-parowego, gdzie moc chwilowa była iloczynem mocy znamionowej i funkcji jednej zmiennej. Zmienną była temperatura zewnętrzna.

Ostatecznie powstał wykres pokazujący moc cieplną układu gazowo-parowego i zmienność występowania jej wartości (*wykres 4.3*). Na wykresie oprócz mocy cieplnej oznaczone są także jej stałe składowe odpowiedzialne za moc wykorzystywaną na podgrzanie ciepłej wody użytkowej. Efektem scałkowania funkcji przedstawionej na wykresie byłaby całkowita ilość ciepła wyprodukowana w ciągu roku. Wykres ma niebagatelne znaczenie w kontekście obliczania efektywności ekonomicznej inwestycji, gdyż prezentuje roczny poziom produkcji.

Ma on równie ważne znaczenie w zagadnieniach logistyki paliwowej. Jednym z głównych założeń projektu jest wykorzystanie biomasy jako paliwa, zaś logistyka paliwowa w dziedzinie wykorzystania biomasy na cele energetyczne jest niezwykle istotnym zagadnieniem.

Wykres 4.3 - Uporządkowany wykres zapotrzebowania na ciepło

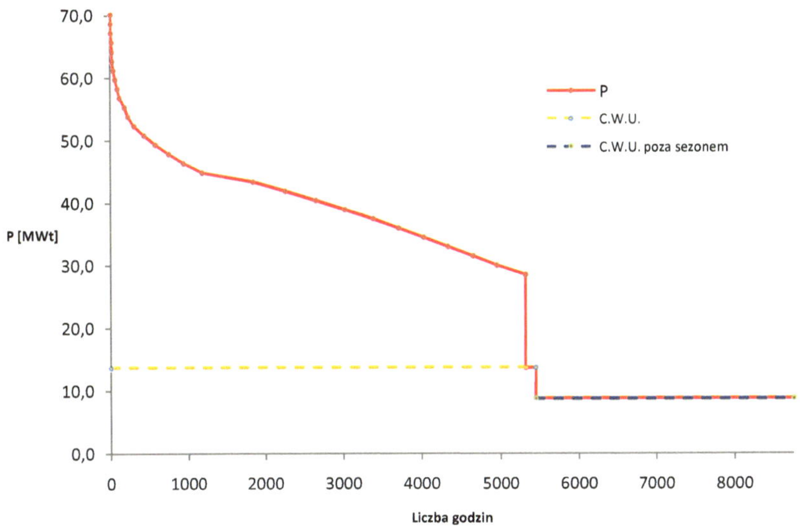

4.2 MODEL UKŁADU W CYCLE-TEMPO

4.2.1 Schemat blokowy modelowanej instalacji

Biorąc pod uwagę fakt, że do tej pory na świecie funkcjonowało stosunkowo niewiele instalacji BIGCC i każda z nich była projektem o charakterze pilotażowym, dopuszczalnym wydaje się być pewien poziom dowolności wyboru konfiguracji bloku, nie ograniczający się jedynie do typowych rozwiązań dostępnych na rynku w chwili obecnej.

Wszystkie z zastosowanych rozwiązań są dostępne na rynku, jednak zastosowanie niektórych z nich wymagałoby pewnych modyfikacji, które jednak z punktu widzenia obecnego stanu techniki są wykonalne. Podstawą do stwierdzenia wzajemnej kompatybilności tych rozwiązań oraz możliwości ich wspólnego działania systemie bloku energetycznego (gazowo-parowego) są obliczenia bilansowe wykonane przy pomocy programu Cycle-Tempo. Schemat blokowy modelowanej instalacji przedstawiony jest na *rys. 4.1*.

Rys. 4.1 - Schemat blokowy modelowanej instalacji

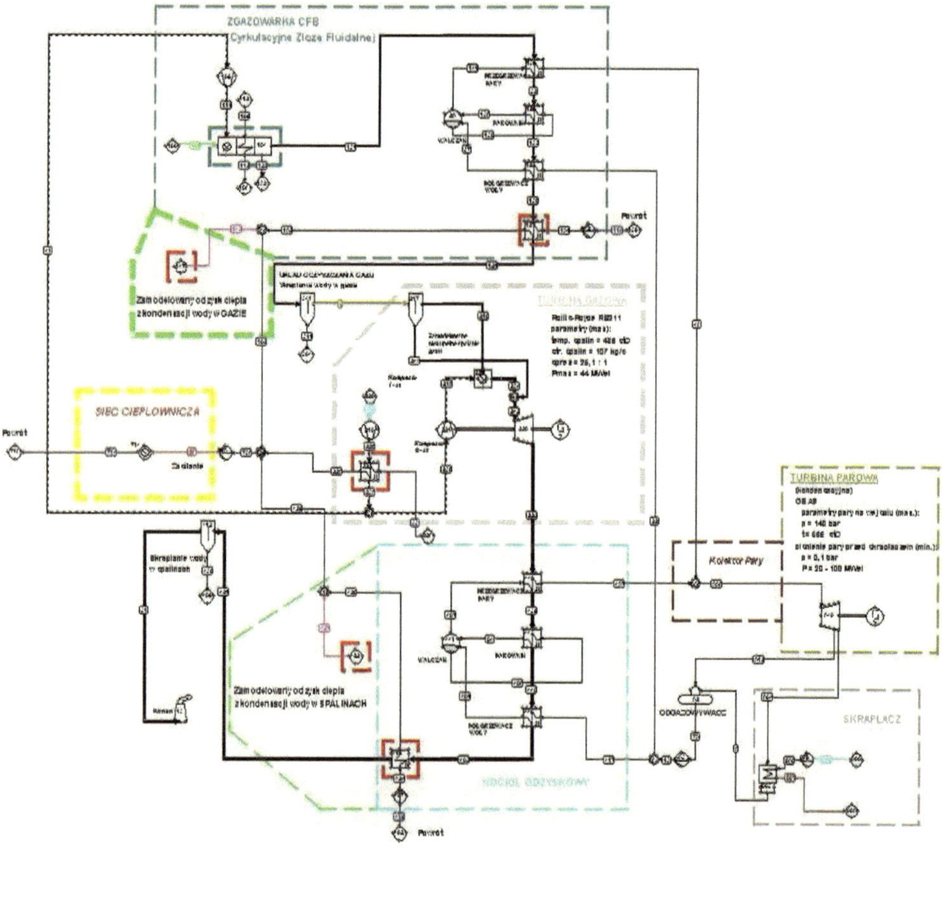

4.2.2 Dobór urządzeń i podzespołów dla bloku

1) Zgazowarka

Zakłada się, że konstrukcja zgazowarki wykonana jest w oparciu o konstrukcję kotła fluidalnego ze złożem cyrkulacyjnym. Jest to jedyny rodzaj zgazowarki jaki został w praktyce przetestowany w instalacjach BIGCC (zarówno w Värnamo w Szwecji, jak i przy projekcie ABRE w Wielkiej Brytanii). Założenie leżące u podstaw niniejszej pracy zakłada w stosunku do układu maksymalizację wytwarzania energii elektrycznej. Ważna jest także duża tolerancja technologii fluidalnej, co do jakości wsadu, zwłaszcza w przypadku zakładanego paliwa - RDF. Zgazowarki tego typu podobnie do kotłów cechuje także niewielki spadek sprawności w przypadku pracy przy niepełnym obciążeniu, co jednak w przypadku badanego układu nie ma aż tak wielkiej wagi, gdyż zakłada się, że układ pracuje cały czas pod pełnym obciążeniem.

Część ciepła zawartego w gazie jest odzyskiwana do wytwarzania pary do turbiny parowej. W kolejnym ciągu zakładany jest wymiennik ciepła gdzie pozostała część ciepła (wraz z ciepłem kondensacji pary wodnej zawartej w gazie) jest odzyskiwana i wykorzystana do wytwarzania gorącej wody (wymiennik ciepła - Aparat nr 127 - *rys. 4.2*). Wykorzystanie ciepła kondensacji pary wodnej pozwala jednocześnie na częściowe samooczyszczenie gazu z pyłów i substancji smolistych, które wraz z kroplami wody są usuwane z gazu. Oprogramowanie Cycle-Tempo nie wykonuje szczegółowych obliczeń dotyczących powierzchni wymiany ciepła - zakładana jest możliwość wykonania odpowiedniego wymiennika, zaś związane z tym koszty są ujęte (szacunkowo) w analizie ekonomicznej układu. Na wyjściu ze zgazowarki znajduje się układ oczyszczania gazu, którego zadaniem jest usunięcie z gazu pyłów, smoły oraz soli metali alkalicznych zanim trafi do turbiny gazowej.

Rys. 4.2 - Układ zgazowania biomasy - schemat z modelu stworzonego w programie Cycle-Tempo

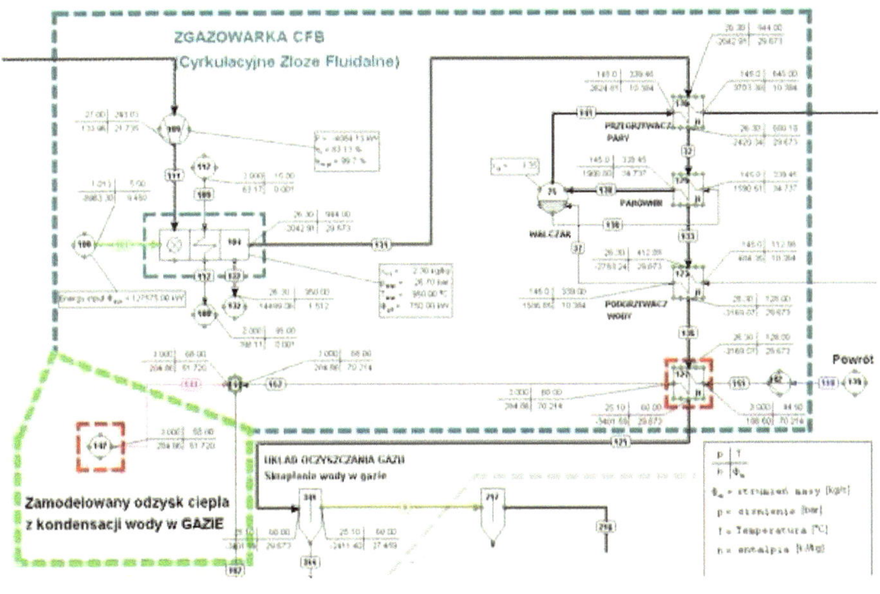

A) reaktor ze złożem fluidalnym

Proces zgazowania jest zamodelowany w Aparacie nr 104 (*rys. 4.3*). Program Cycle-Tempo jest w stanie, na podstawie zadanych parametrów procesu zgazowania, obliczyć temperaturę i ciśnienie gazu oraz jego skład. Obliczenia są realizowane metodą minimalizacji, w układzie równań (macierzy układu) entalpii swobodnej Gibbsa.

Parametry reakcji zgazowania:
- temperatura reakcji: $t_{zgaz} = 950$ °C
- ciśnienie reakcji: : $p_{zgaz} = 26{,}7$ bar
- $\lambda = 0{,}48$

Wsad do zgazowarki stanowią posortowane odpady komunalne (RDF) o wartości opałowej 13,5 MJ/kg. Wilgotność wsadu wynosi 15%, a zawartość substancji mineralnej 16%.

Tab. 4.1 - Zakładany skład chemiczny odpadów komunalnych (udziały masowe w %)

Al2O3(s)	6.00
C	39.01
Cl	0.36
F	0.01
H	4.27
H2O	15.00
O	25.15
S	0.20
SiO2(s)	10.00

Metoda obliczeń stosowana przez Cycle-Tempo do obliczenia składu gazu na wyjściu z Aparatu nr 104 w przypadku zakładanych parametrów procesu zgazowania nie jest wystarczająco dokładna [16]. Zadowalającą dokładność osiąga ona dopiero w zakresie wysokich temperatur pracy odpowiadających zgazowarkom pyłowym. Zgazowarki tego typu nie były w praktyce sprawdzone w układach BIGCC, dlatego na wejściu do turbiny gazowej zadany jest zmieniony skład gazu. Skład ten odpowiada wynikom osiągniętym eksperymentalnie w instalacji w Värnamo.

Rys. 4.3 - Reaktor - schemat z modelu stworzonego w programie Cycle-Tempo

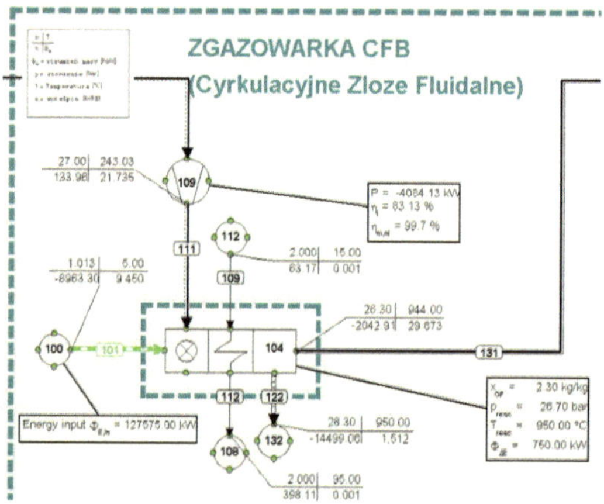

B) odzysk ciepła na potrzeby produkcji pary dla turbiny parowej

Para wytwarzana w części parowej zgazowarki trafia do kolektora pary poprzez rurę nr 48. Nie jest to jednak rura w sensie fizycznym, lecz w sensie modelu (odwzorowanie sytuacji rzeczywistej). Dla modelu znaczące są jedynie połączenia pomiędzy aparatami.

Jak widać na *wykresie 4.1* odzysk ciepła nie jest optymalny. Różnica pomiędzy temperaturą wody na wyjściu z podgrzewacza nr 123 i temperaturą spalin (tzw. pinch point) jest znaczna. Podstawowym ograniczeniem jest temperatura wody na wyjściu z podgrzewacza, która nie może przekroczyć temperatury nasycenia. Temperatura ta zależy od ciśnienia wody, która jest dostarczana przez pompę. Ciśnienie to zaś ograniczane jest maksymalnym ciśnieniem pary na wyjściu z przegrzewacza. Jest to związane z ograniczeniami nakładanymi przez konstrukcję turbiny parowej - na rynku brakuje turbin parowych pracujących przy odpowiednio wysokich ciśnieniach pary i jednocześnie osiągających tak małe moce jak w przypadku analizowanego układu.

Rys. 4.4 - Odzysk ciepła w zgazowarce - część parowa

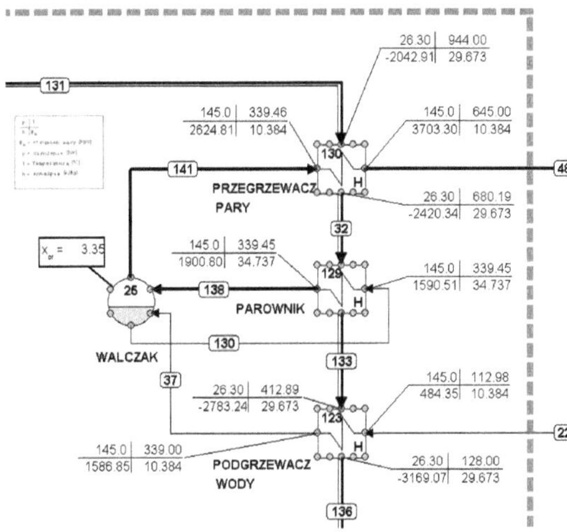

Wykres 4.1 - Wykres Q-T dla części parowej zgazowarki

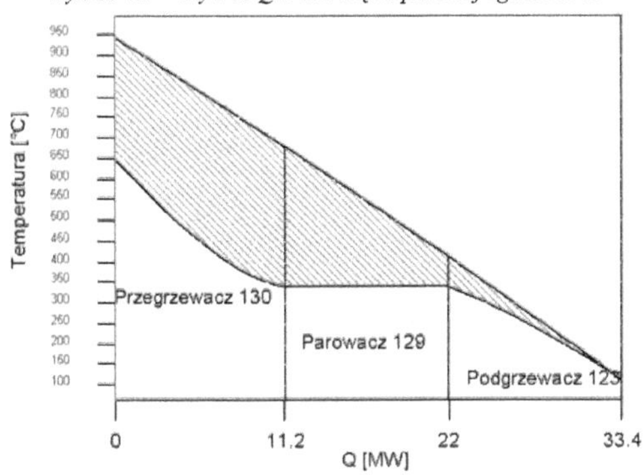

C) odzysk ciepła na potrzeby produkcji gorącej wody

Model zakłada istnienie w trzecim ciągu wymiennika ciepła (aparat nr 127 - *rys. 4.5*), który służy do odzyskiwania ciepła z gazu. Zakłada się, że schładzanie gazu jest procesem izobarycznym.

Konstrukcja wymiennika pozwala na wykorzystanie utajonego ciepła kondensacji pary wodnej zawartej w gazie. Ma to duże znaczenie, gdyż oprócz maksymalizacji odzysku ciepła konstrukcja wstępnie oczyszcza gaz z pyłów i smoły, które są usuwane wraz z kondensatem.

Kondensat na wyjściu z wymiennika musi ulec oczyszczeniu. Usunięcie kondensatu wymagałoby specyficznie zaprojektowanego układu, gdyż gaz przepływa przez układ pod ciśnieniem wyższym od atmosferycznego. Uwzględnienie tego aspektu będzie wymagało przyjęcia stosownego założenia w trakcie wykonywania uproszczonej analizy ekonomicznej układu. Rozwiązanie to umożliwi jednak zastosowanie układu oczyszczania gazu wrażliwego na temperaturę i jej fluktuacje - półprzepuszczalnego filtra porcelanowego. Temperatura gazu przed filtrem jest stosunkowo niska i wynosi 60 °C.

Rys. 4.5 - Odzysk ciepła z gazu na potrzeby produkcji gorącej wody

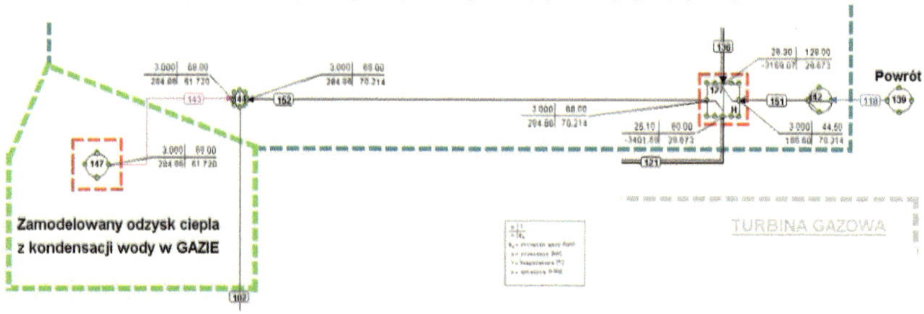

D) odzysk ciepła kondensacji wody zawartej w gazie i układ oczyszczania gazu

Oprogramowanie Cycle-Tempo nie przeprowadza jakichkolwiek obliczeń dotyczących oczyszczania gazu i de facto układ oczyszczania gazu nie jest obecny w modelu. Zaznaczone jest jednak miejsce, w którym, w przypadku fizycznego zainstalowania układu byłby on usytuowany. Tuż przed nim znajduje się separator (aparat nr 341 - *rys. 4.6*). Jest to aparat, który umożliwia obliczenie strumieni masy w przypadku separacji części substancji zawartych w medium (gazie).

W przypadku separatora 341 zakładana jest separacja 95% wody zawartej w gazie. Wyodrębniony strumień masy zawierający wodę rurą nr 311 przekazywany jest do zbiornika nr 304. W arkuszu kalkulacyjnym Excel obliczany jest strumień wody, który podgrzewając wodę od zakładanej temperatury powrotu do zakładanej temperatury zasilania sieci cieplnej byłby co do ilości ciepła równy ilości ciepła jaką można uzyskać dzięki kondensacji pary wodnej w ilości zliczanej przez aparat nr 304.

Rys. 4.6 - Odzysk ciepła kondensacji wody zawartej w gazie i układ oczyszczania gazu

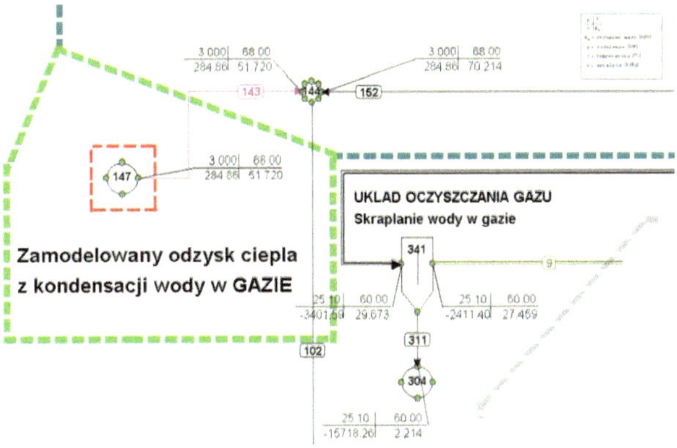

2) Turbina Gazowa

Dla modelu została dobrana turbina gazowa firmy Rolls-Royce RB211. Skład (masowy w %) gazu ze zgazowarki, spalanego w turbinie gazowej jest podany w *tabeli 4.2*. Gaz ma wartość opałową 3,39 MJ/kg.

Tab. 4.2 - Zakładany skład chemiczny gazu ze zgazowarki (udziały masowe w %)

Ar	0.79
CH4	7.50
CO	19.00
CO2	14.40
H2	10.06
H2O	0.08
H2S	0.05
HCl	0.08
N2	48.00
NO2	0.01
SO2	0.03

Dobór odpowiedniej dla układu turbiny gazowej stanowił spory problem. Na rynku brak jest rozwiązań zdolnych spalać gaz o takich parametrach. Jest to związane z brakiem komercyjnych instalacji BIGCC. Według zapewnień firmy Rolls-Royce posiada ona odpowiednie zaplecze inżynieryjno-technologiczne, aby przeprojektować turbinę w taki sposób, aby była ona zdolna spalać bardzo niskokaloryczne paliwa. Wiązałoby się to w głównej mierze z przeprojektowaniem układu dostarczania paliwa do komory spalania, gdyż strumień masowy gazu w stosunku do powietrza jest znacznie większy, niż w przypadku turbiny opalanej gazem ziemnym.

Takie zmiany są jednak związane ze znacznymi kosztami i w razie wzięcia udziału firmy w tego typu inwestycji sprawa musiałaby być rozpatrywana indywidualnie, a cena końcowa turbiny i jej potencjał rynkowy musiałyby pokryć nakłady czasu i środków związane z przeprojektowaniem urządzenia.

Duża ilość powietrza oraz stosunkowo duża ilość gazów inertnych w strumieniu paliwa powoduje, że temperatury spalania w turbinach gazowych spalających niskokaloryczne gazy z procesów zgazowania powietrzem są stosunkowo niskie [10]. Zakładana w modelu temperatura spalania wynosi 1200 °C co w praktyce oznacza bardzo niski poziom emisji NOx, gdyż w praktyce wyklucza działanie mechanizmu termicznego powstawania tlenków azotu.

W układzie zamodelowana jest 2% strata związana ze spalaniem niezupełnym. Jest to realizowane poprzez oddzielenie w separatorze nr 217, przed komorą spalania, po 2% każdego z palnych składników gazu (H2, CO, CH4). Strumień ten jest recyrkulowany do strumienia głównego przed sekcją ekspandera (aparat nr 226 - *rys. 4.7*). Zakładana strata ciśnienia w komorze spalania wynosi 6% ciśnienia dolotowego ze sprężarki powietrza.

Rys. 4.7 - Turbina Gazowa w rozpatrywanym modelu

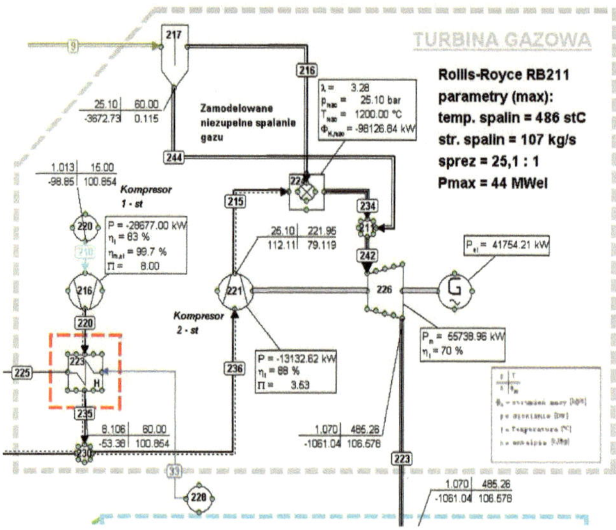

Z uwagi na to, że spalany gaz ma temperaturę wyższą niż w przypadku warunków standardowych, zakładana jest niższa sprawność izentropowa ekspansji w turbinie i wynosi ona 70%.

Zakłada się, że przed turbiną znajduje się pierwszy stopień kompresora wspólny dla turbiny gazowej i zgazowarki. Każde z tych urządzeń posiada ponadto swój własny kompresor. Na wyjściu z kompresora powietrze jest chłodzone, zaś odzyskiwane ciepło jest wykorzystywane do podgrzania części wody przeznaczonej na potrzeby sieci ciepłowniczej.

Warto zauważyć, że obliczony przez program strumień powietrza z 1-go stopnia kompresora wynosi 100,854 kg/s, zaś zadany strumień paliwa wynosi 9,45 kg/s. Gdyby traktować BIGCC jako wielostopniowy proces spalania współczynnik nadmiaru powietrza wynosiłby $\lambda = 2{,}23$.

Wartym dostrzeżenia jest także zapotrzebowanie kompresorów na moc, które wynosi ponad 4 000 kW w przypadku kompresora przed zgazowarką, prawie 29 000 kW dla 1-st kompresora oraz ponad 13 000 kW dla 2-st kompresora przed turbiną gazową. Suma wynosi prawie 46 000 kW a tym samym przewyższa moc generowaną przez turbinę gazową.

3) Kocioł odzyskowy

Kocioł odzyskowy (*rys. 4.8*) jest kotłem jednociśnieniowym, podzielonym jednak na dwie części. Część kotła tuż za turbiną gazową wytwarza parę dla turbiny parowej, która rurą nr 457 trafia do kolektora pary świeżej.

Kocioł wytwarza parę o tym samym ciśnieniu, co część parowa zgazowarki, jednak temperatura spalin za turbiną gazową jest niższa niż w przypadku gazu i wynosi ok. 485 °C. Dzięki temu różnica pomiędzy temperaturą spalin na wejściu do podgrzewacza, a temperaturą wody na wyjściu z podgrzewacza (pinch) jest stosunkowo niska i wynosi ok. 6 °C. Można na tej podstawie stwierdzić, że konstrukcja kotła odzyskowego wykorzystuje entalpię spalin w sposób optymalny.

Zakłada się, że w części wodnej kotła odzyskowego ma miejsce odzysk utajonego ciepła kondensacji pary wodnej. Odzysk ten jest zamodelowany w sposób analogiczny do zgazowarki. Zakładane jest skroplenie 85% wody zawartej w spalinach, co jest zliczane przez separator nr 412 (*rys. 4.8*). Strumień skroplonej wody poprzez rurę nr 430 trafia do zbiornika nr 409. Na podstawie ilości skroplonej wody obliczana jest ilość ciepła która jest doprowadzona do układu ze źródła 422.

Rys. 4.8 - Schemat kotła odzyskowego - model w programie Cycle-Tempo

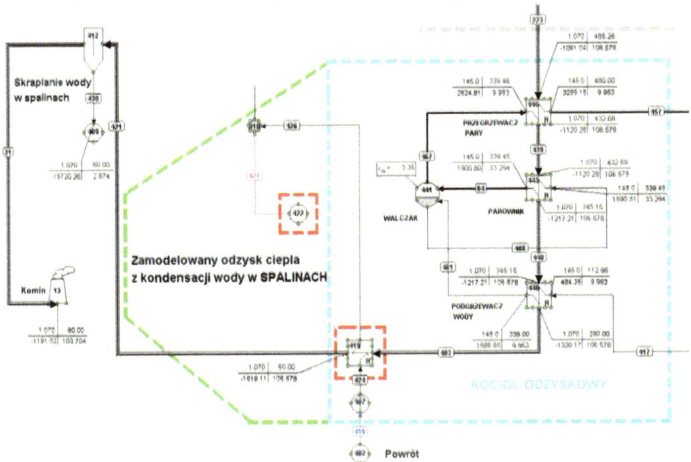

Wykres 4.2 - Wykres Q-T dla części parowej Kotła Odzyskowego

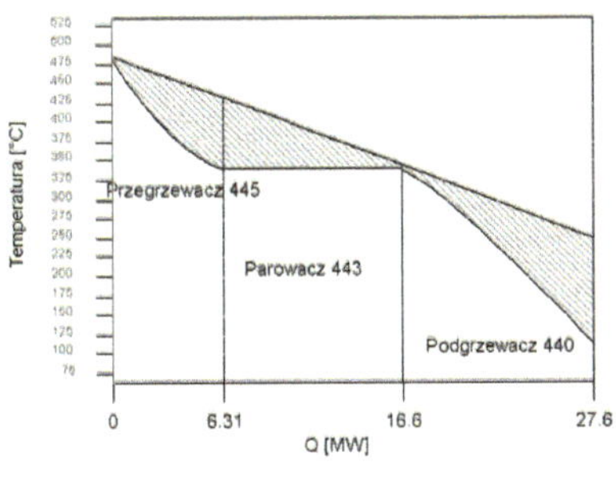

4) Turbina Parowa

Dobór odpowiedniej turbiny parowej jest ograniczony poprzez dostępność modeli o odpowiednich parametrach na rynku oraz ich cenę. Wydaje się jednak, że jedna turbina parowa, do której para dostarczana jest z dwóch źródeł w obiegu, poprzez kolektor pary świeżej, jest lepszym rozwiązaniem. Zastosowanie dwóch turbin parowych oznaczałoby jeszcze większe ograniczenie w przypadku pary wytwarzanej w zgazowarce. Prowadziłoby to do mniejszego stopnia wykorzystania ciepła z gazu, a tym samym byłoby sprzeczne z celem postawionym wobec niniejszego projektu - maksymalizacji wytwarzania energii elektrycznej.

Ze względu na jeden z podstawowych celów projektu (maksymalizacja wytwarzania energii elektrycznej) turbina parowa jest turbiną kondensacyjną. Zastosowanie jednej turbiny ogranicza koszty inwestycyjne, gdyż wymaga jedynie jednego skraplacza.

Zakładane straty na rurociągu pary świeżej i kolektorze pary wynoszą 5 °C i 2% ciśnienia pary świeżej i są zadane na węźle nr 550, który w modelu stanowi odwzorowanie kolektora pary świeżej. Układ zakłada wspólną pompę, która dostarcza wodę zarówno do kotła odzyskowego, jak i do zgazowarki. Wykorzystanie jednej pompy jest także związane z minimalizacją kosztów inwestycyjnych. Warto zauważyć, że obliczone przez program zapotrzebowanie silnika pompy na moc el. wynosi ponad 500 kW, zaś w przypadku pompy układu skraplacza ponad 630 kW. Stanowi to prawie 5% mocy generowanej przez turbinę parową .

Rys. 4.9 - Turbina Parowa w modelu układu w programie Cycle-Tempo

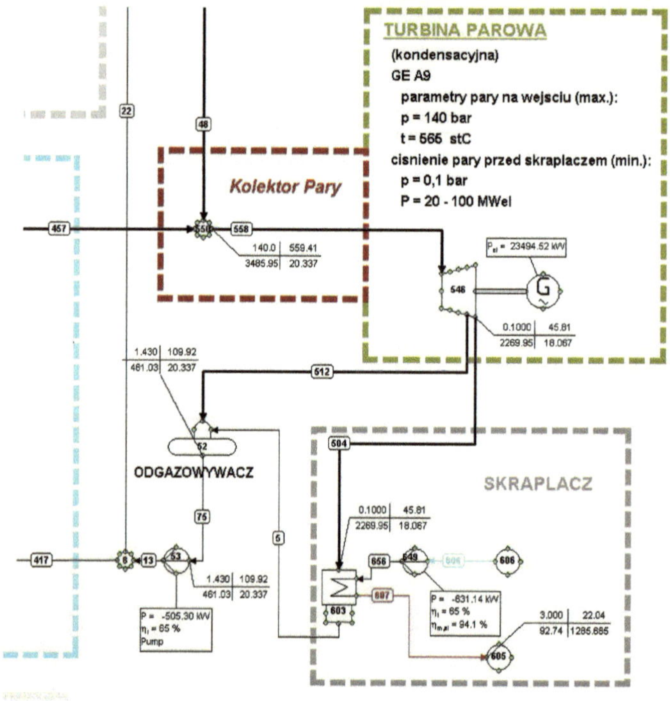

5) Sieć ciepłownicza

Sieć ciepłownicza w modelu jest rozpatrywana jako układ otwarty, choć w rzeczywistości jest układem zamkniętym. Taki sposób implementacji sieci ciepłowniczej w modelu ma swoje uzasadnienie. Jest to spowodowane tym, że w obrębie osłony bilansowej modelu znajduje się jedynie rozpatrywany układ bez kotłów rezerwowo-szczytowych, co jest zgodne z metodyką określoną przez odpowiednie akty wykonawcze publikowane przez Ministerstwo Gospodarki [22].

Realizacja sieci ciepłowniczej jako układu otwartego nie wprowadza do modelu żadnych nieścisłości, gdyż zarówno bilans masy jak i energii są przez układ zachowane. Gorąca woda wytworzona przez układ trafia do kolektora - aparatu nr 729 (*rys. 4.10*). Następnie przy pomocy pompy nr 715 jest ona pompowana do sieci ciepłowniczej. Gorąca woda pochodzi z trzech źródeł: zgazowarki, układu chłodzenia powietrza na wyjściu z 1-go stopnia kompresora oraz z kotła odzyskowego. Woda ze wszystkich źródeł ma tą samą temperaturę, która w warunkach standardowych ($p_{zewn} = 1{,}01325\ bar\ ; t_{zewn} = 15\ °C$) wynosi 68 °C. Zakładane temperatury zasilania i powrotu dla modelu sieci cieplnej zostały założone na podstawie tabeli regulacyjnej sieci cieplnej (*Dodatek B*). Odbiór ciepła przez sieć cieplną w wypadku rozpatrywanego modelu realizowany jest przez aparat nr 714. Woda na wyjściu ma zakładaną temperaturę wody powrotnej. Powrotny strumień wody trafia do aparatu nr 718 i jest co do wartości równy sumie strumieni, które ze źródeł nr 139, 228 i 402 trafiają odpowiednio do układu zgazowarki, chłodzenia kompresora i kotła odzyskowego. Temperatura dla wszystkich strumieni jest równa oraz zgodna z wspomnianą wcześniej tabelą regulacyjną i w warunkach standardowych wynosi 44,5 °C.

Dostępny do wykorzystania strumień ciepła oscyluje w zależności od warunków pomiędzy 54,5 MWt a 63,5 MWt. Niesprzyjającą okoliczność stanowi fakt, że strumień osiąga swoje maksimum w lecie, gdyż wyższa temperatura powietrza atmosferycznego przy tym samym stopniu kompresji oznacza wyższą temperaturę powietrza na wyjściu z 1-go stopnia kompresora. Fakt ten można wykorzystać do produkcji chłodu (trójgeneracja).

Najmniejszym ze strumieni gorącej wody jest strumień pochodzący ze zgazowarki, lecz implementacja odzysku ciepła w systemie w tym miejscu jest najbardziej korzystna z punktu widzenia oczyszczania gazu, które samo w sobie jest procesem skomplikowanym [1, 9, 10, 14]. Także trwałość filtrów oraz związana z tym wyższa bezawaryjność układu przemawiają za takim rozwiązaniem.

Międzystopniowe chłodzenie powietrza obniża obciążenie temperaturowe w turbinie gazowej, co wpływa korzystnie na trwałość elementów turbiny, a tym samym bezawaryjność układu oraz na poziom emisji tlenków azotu (mechanizm Zeldowicza).

Rys. 4.10 - Sieć ciepłownicza w modelu układu w programie Cycle-Tempo

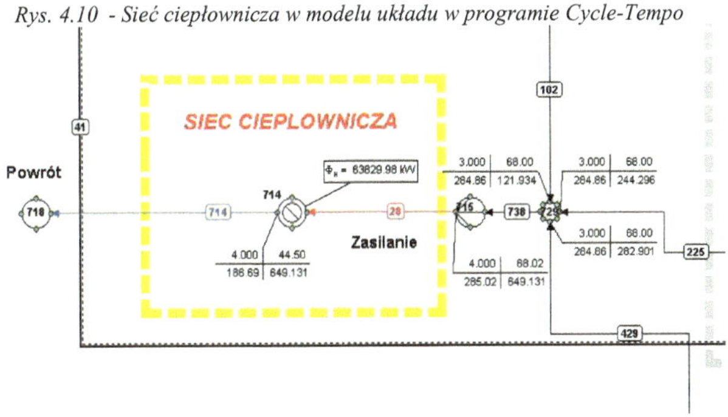

4.3 PRODUKCJA CIEPŁA I ENERGII ELEKTRYCZNEJ W SKOJARZENIU

Model w połączeniu z danymi klimatycznymi ze stacji meteorologicznej we Wrocławiu [20] pozwala na bardzo dokładne oszacowanie rocznego poziomu produkcji energii elektrycznej i ciepła. Obliczenia zostały przeprowadzone poprzez przeprowadzenie przez model kalkulacji dla różnych poziomów temperatury powietrza atmosferycznego oraz odpowiadającej im temperaturze zasilania i powrotu określonej na podstawie Tabeli regulacyjnej (*Dodatek B*). Następnie każdy z wyników przemnożono w arkuszu kalkulacyjnym Excel przez ilość godzin, w których w ciągu statystycznego osiągana jest zadana temperatura powietrza.

Łącznie analizowany układ w ciągu roku wyprodukował następujące ilości energii użytecznej:

- 871 347,06 GJ ciepła (ciepło sprzedane do sieci ciepłowniczej)
- 282 668,57 MWh energii elektrycznej

Ilość produkowanego ciepła przewyższa zapotrzebowanie (*wykr. 4.4*), więc w przypadku ilości wyprodukowanego ciepła liczona dla każdej temperatury liczona była ilość ciepła faktycznie dostarczona klientom poprzez sieć ciepłowniczą.

Wykres 4.3 - Moc cieplna i elektryczna układu w zależności od temperatury powietrza

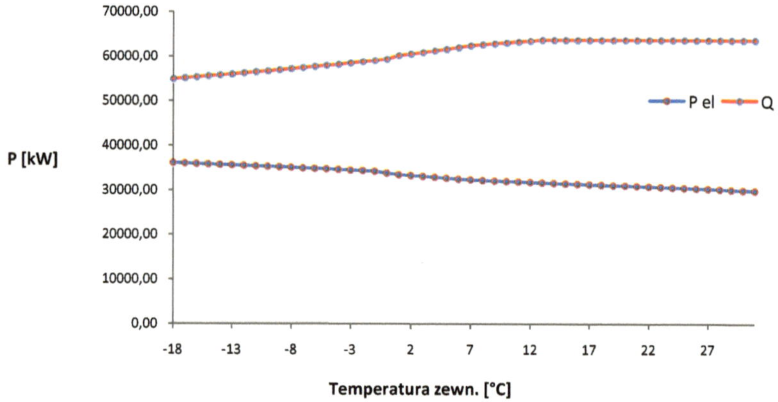

Moc w paliwie dostarczana do układu wynosi:

$$P_{pal} = 127\,575{,}0\ kW$$

W ciągu roku zakładając, że układ pracuje na 100% obciążeniu, a czas wyłączenia w ciągu roku wynosi 7 dni (8 592 godziny pracy), układ zużywa energię pierwotną (chemiczną) zawartą w paliwie o łącznej wartości:

$$E_{pal} = 4\,023\,205{,}20\ \text{GJ} = 1\,117\,557{,}00\ \text{MWh}$$

Średnioroczna sprawność układu wynosi:

$$\eta_{śr} = 46{,}95\ \%$$

w tym sprawność wytwarzania energii elektrycznej

$$\eta_{el} = 25{,}30\ \%$$

i sprawność wytwarzania ciepła:

$$\eta_{Q} = 21{,}70\ \% .$$

Tak niska średnioroczna sprawność układu spowodowana jest przez kilka czynników:

1) sprawność procesu zgazowania dla gazu gorącego wynosi *79,0 %*,
2) układ wytwarza nadmiar ciepła, który nie jest odbierany przez sieć ciepłowniczą.

Wykres 4.4 - Moc cieplna i elektryczna układu w stosunku do zapotrzebowania - wykres uporządkowany

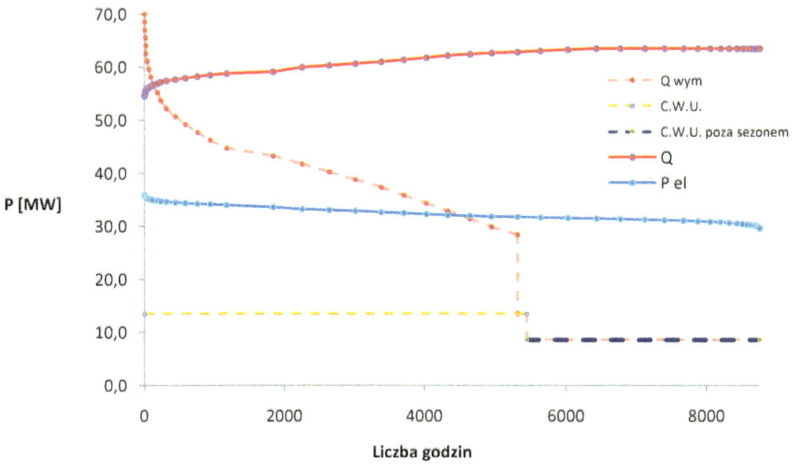

4.4 UPROSZCZONA ANALIZA EKONOMICZNA OPŁACALNOŚCI UKŁADU

4.4.1 Nakłady inwestycyjne

Koszty inwestycyjne zawierają zarówno pozycje dotyczące zakupu urządzeń wchodzących w skład bloku, jak i urządzeń dodatkowych oraz prac wykonanych w trakcie realizacji inwestycji. Ze zrozumiałych przyczyn (tajemnica handlowa) informacja odnośnie cen oferowanych na rynku urządzeń nie są powszechnie dostępne. Oszacowanie kosztów poszczególnych urządzeń nastąpiło w większości przypadków na podstawie empirycznych formuł [18], które mogą być stosowane w przypadku wstępnych analiz opłacalności oraz ustalania ceny wyjściowej w przetargach. Wzory te opracowane są na podstawie raportów cenowych i służą do obliczenia nakładu (i) na kW mocy w dolarach amerykańskich. Wyniki zostały przeliczone na złotówki w oparciu o średni kurs NBP z dnia 17 stycznia 2012 roku (USD = 3,4215 PLN).

Turbina gazowa (dla mocy od 1 MW do 50 MW):

$$i = 5488 \cdot N_{nom}^{-0,2791} \tag{4.1}$$

gdzie:

N_{nom} - moc nominalna turbiny

Kocioł odzyskowy - wymiennik spaliny-woda:

$$i = 450 \cdot \dot{Q}^{-0,18} \tag{4.2}$$

gdzie:

$\dot{Q}$ - moc cieplna kotła

Kocioł odzyskowy - cz. parowa:

$$i = 2463 \cdot \dot{Q}^{-0,3122} \tag{4.3}$$

Wynik osiągnięty na podstawie wzoru empirycznego w przypadku turbiny gazowej wymaga znacznej korekty. Wynika to z faktu, że wzór został opracowany na podstawie cen urządzeń na rynku. Zdecydowana większość standardowych instalacji komercyjnych to instalacje z turbinami gazowymi wykorzystującymi jako paliwo gaz ziemny. Brak instalacji BIGCC o charakterze komercyjnym implikuje także brak w ofertach producentów turbin urządzeń zdolnych spalać niskokaloryczne gazy. Z tego względu przyjęto założenie, że koszt turbiny gazowej oszacowany na podstawie wzoru empirycznego (*4.1*) wzrośnie o 90%.

Koszt zgazowarki został oszacowany na podstawie podanego w serwisie internetowym (www.wnp.pl) kosztu cyrkulacyjnego kotła fluidalnego na biomasę wybudowanego niedawno w Elektrowni Jaworzno (280 mln PLN). Cenę przyjęto proporcjonalnie do nominalnych strumieni biomasy dostarczanych do obu instalacji przy założeniu, że zmiany w konstrukcji kotła CFB tak aby spełniał parametry modelu podniosą koszt zgazowarki o 35%.

Koszt sortowni odpadów został oszacowany na podstawie informacji z serwisów internetowych (www.wnp.pl) na temat sortowni odpadów otwartej we Wrocławiu w 2007 roku. Przy założeniu 60% substancji palnych w zmieszanym strumieniu odpadów komunalnych wydajność obecnej sortowni mogłaby pokryć ok. 2/5 zapotrzebowania układu na paliwo. Założono budowę drugiej sortowni pokrywającej w pełni, wspólnie z obiektem już istniejącym, zapotrzebowanie układu na paliwo.

W trakcie realizacji inwestycji oprócz kosztów urządzeń wchodzących w skład bloku trzeba także ponosić koszty instalacji dodatkowych (np. Układ Automatycznej Regulacji), koszty prac związanych z budową pomieszczeń i instalowaniem urządzeń oraz koszty dotyczące inżynierii projektu (np. nadzór robót). Oszacowanie tych kosztów zostało wykonane w oparciu o ich odniesienie (wartości statystyczne) do kosztów zakupu urządzeń [19]. Koszty te wraz z kosztami zakupu urządzeń są przedstawione w *tabeli 4.2.*

Tab. 4.2 - Oszacowane koszty inwestycji

Koszt Zakupu Urządzeń (KZU)		***Pozostałe koszty***		
Pozycja	**Koszt [PLN]**	**Pozycja**	**Koszt [PLN]**	**% KZU**
Zgazowarka	247 665 600,00	Sortownia odpadów	36 860 400	nie dotyczy
Turbina gazowa	79 405 261,89	UAR	19 181 428	5%
Kocioł Odzyskowy	21 557 714,32	Prace budowlane, ziemne	38 362 857	10%
Turbina parowa	35 000 000,00	Wyprowadzenie mocy	38 362 857	10%
suma KZU [PLN] 383 628 576,21		Dodatkowe układy i systemy	57 544 286	15%
		Inżynieria Projektu	57 544 286	15%
		Koszty rozruchu	11 508 857	3%
		Podłączenie do sieci ciepłowniczej	76 725 715	20%
		Ubezpieczenie i wydatki nieprzewidziane	38 362 857	10%
		łącznie	374 453 547	

4.4.2 Przychody z produkcji energii i świadectw pochodzenia

W skład przychodów wchodzić będzie przychód ze sprzedaży wyprodukowanej energii elektrycznej i ciepła sieciowego oraz przychody osiągnięte dzięki istniejącym systemom wsparcia produkcji energii elektrycznej w OZE oraz kogeneracji.

Energia elektryczna wyprodukowana przy wykorzystaniu odpadów komunalnych otrzymuje wsparcie w postaci zielonych certyfikatów. Ponadto energia elektryczna wyprodukowana w skojarzeniu może uzyskać czerwone certyfikaty. Certyfikaty czerwone przysługują jedynie dla tej ilości energii elektrycznej, która została wytworzona w wysokosprawnej kogeneracji tj. takiej której sprawność jest co najmniej równa średniorocznej sprawności granicznej podanej w odpowiednim rozporządzeniu [22]. W przypadku rozpatrywanego w modelu układu sprawność wynosi 80%. Układ nie osiąga tej sprawności, więc czerwone certyfikaty przysługują jedynie dla części energii wyprodukowanej w układzie. Ilość energii której przysługują certyfikaty jest obliczana wg algorytmu zamieszczonego w rozporządzeniu Ministra Gospodarki.

Sprawność wytwarzania energii elektrycznej w rozumieniu ww. rozporządzenia wynosi:

$$\eta_{ek} = 25{,}29\ \%$$

Współczynnik C określający stosunek energii elektrycznej wytworzonej w kogeneracji do ciepła użytkowego w kogeneracji wynosi:

$$C \cong 0{,}462$$

Obliczona na podstawie algorytmu zawartego w rozporządzeniu ilość energii elektrycznej z kogeneracji w okresie sprawozdawczym wynosi:

$$A_{bq} \cong 111\,907{,}0\,MWh$$

Aby otrzymać czerwone certyfikaty układ musi także spełnić wymóg 10% oszczędności energii chemicznej zawartej w paliwie względem rozdzielonej produkcji ciepła i energii elektrycznej (współczynnik PES - ang. Primary Energy Saving - Oszczędność Energii Pierwotnej) [15, 22].

$$PES = \left(1 - \frac{1}{\frac{\eta_{Q\_CHP}}{\eta_{Q\_Ref}} + \frac{\eta_{el\_CHP}}{\eta_{el\_Ref}}}\right) \cdot 100\% \qquad (4.4)$$

gdzie:

η_{Q_CHP} - sprawność średnioroczna wytwarzania ciepła w skojarzeniu

η_{el_CHP} - sprawność średnioroczna wytwarzania energii elektrycznej w skojarzeniu

η_{Q_Ref} - sprawność referencyjna wytwarzania ciepła w gospodarce rozdzielonej (wskaźnik zdefiniowany dla typowych obiektów)

η_{el_Ref} - sprawność referencyjna wytwarzania energii elektrycznej w gospodarce rozdzielonej

Sprawności referencyjne są wymienione w rozporządzeniu Ministra Gospodarki (załącznik) i dla rozpatrywanego układu wynoszą:

$$\eta_{Q\_Ref} = 25{,}00\,\%$$

$$\eta_{el\_Ref} = 80{,}00\,\%$$

W przypadku układu współczynnik PES wynosi:

$$PES = \left(1 - \frac{1}{\frac{21{,}7}{80{,}0} + \frac{25{,}3}{25{,}0}}\right) \cdot 100\% \cong 15{,}56\,\%$$

Należy nadmienić, że w przypadku obliczania współczynnika PES nie jest brany pod uwagę wymóg 80 % sprawności całkowitej układu, zaś średnioroczne sprawności wytwarzania energii elektrycznej i ciepła odniesione są do całości energii wytworzonej w układzie w ciągu roku (η_{el} ; η_Q *- pkt. 3.3*).

Wymóg odpowiednio wysokiego współczynnika PES jest osiągnięty w głównej mierze dzięki temu, że sprawności referencyjne w przypadku odpadów komunalnych są bardzo niskie. Może to wskazywać, że tradycyjne spalarnie odpadów komunalnych także cechują się niską sprawnością.

Tab. 4.3 - Średnie ceny energii elektrycznej i ciepła w 2010 r. [23]

Postać energii	**Sposób wytwarzania**	**Nośnik energii pierwotnej (paliwo)**	**Cena PLN /GJ**	**Cena PLN /MWh**
Energia elektryczna	Rynek konkurencyjny - bez rozróżnienia co do sposobu wytwarzania (ze względu na strukturę KSE przewaga produkcji rozdzielonej).	Odzwierciedlenie struktury KSE (w większości węgiel kamienny i brunatny)	54,26	**195,32**
Energia elektryczna	Kogeneracja o mocy poniżej 1 MW	Gaz (ziemny)	52,15	**187,74**
Energia elektryczna	Kogeneracja	Gaz z odmetanowania kopalń, produkcji przemysłowej (koksowniczy) oraz biogaz	67,66	**243,59**
Energia elektryczna	Kogeneracja (inne niż w poprzednich dwóch punktach)	Gaz (ziemny)	52,91	**190,47**
Ciepło	Rozdzielona	Węgiel	**34,52**	124,27
Ciepło	Rozdzielona	Gaz (ziemny)	**60,46**	217,66
Ciepło	Rozdzielona	Olej opałowy	**70,42**	253,51
Ciepło	Rozdzielona	OZE (biomasa, geotermia)	**38,58**	138,89

Na potrzeby kalkulacji przychodów z produkcji energii elektrycznej przyjęto średnią cenę energii elektrycznej dostępnej na rynku konkurencyjnym - 195,32 PLN/MWh (*tab. 4.3*). Na potrzeby kalkulacji przychodów z produkcji ciepła użytecznego przyjęto średnią cenę ciepła wytworzonego w gospodarce rozdzielonej w Odnawialnych Źródłach Energii - 38,58 PLN/GJ (*tab. 4.3*). Za ceny certyfikatów czerwonych i zielonych przyjęto średnie ceny za 2011 rok opublikowane na stronie internetowej Towarowej Giełdy Energii (www.tge.pl). Średnia wartość czerwonego certyfikatu wyniosła 23,32 PLN/MWh zaś średnia wartość zielonego certyfikatu 267,95 PLN/MWh.

Kalkulacja przychodów opiera się na założeniu, że ceny certyfikatów pozostaną na niezmienionym poziomie, zaś ceny ciepła będą rosły o 2% rocznie, a ceny energii elektrycznej o 5% rocznie.

Warto zauważyć, że ceny energii elektrycznej dla przedsiębiorstw są kształtowane przez rynek. Ceny ciepła są regulowane przez URE podobnie, jak ceny energii elektrycznej dla gospodarstw domowych. Wartość certyfikatów jest w sposób zasadniczy kształtowana administracyjnie, gdyż zależy od wyznaczanej przez URE opłaty zastępczej.

Pośród przychodów brak jest pozycji dotyczącej opłaty za utylizację odpadów (tzw. opłata wysypiskowa - ang. gate fee). Obliczenia opierają się na założeniu, że opłaty wysypiskowe są tak dobrane, aby pokryć koszty zbiórki odpadów i ich sortowania (koszt paliwa wynosi zero).

Tab. 4.4 - Roczne przychody instalacji z podziałem na poszczególne pozycje

Pozycja	**Roczny przychód [PLN]**
Ciepło użyteczne	33 616 569
Energia elektryczna	55 210 824
Czerwone certyfikaty	2 609 670
Zielone certyfikaty	75 741 043

4.4.3 Analiza Cash Flow i Net Present Value

Analiza Cash Flow obrazuje przepływy pieniężne jakie mają miejsce w czasie technicznego życia instalacji. Na podstawie analizy przepływów pieniężnych można przeprowadzić analizę o charakterze dyskontowym zwaną Net Present Value (wartość bieżąca netto). Wskaźnik ten dyskontuje przepływy pieniężne w czasie. Na jego podstawie można wyznaczyć zdyskontowany czas zwrotu nakładów inwestycyjnych (DPB - ang. discounted payback).

Analiza została przeprowadzona w dwóch wariantach. W jednym z nich układ otrzymuje dotację do inwestycji z Narodowego Funduszu Ochrony Środowiska i Gospodarki Wodnej opiewającą na kwotę 255 000 000 PLN. Kwota została przyjęta w oparciu o spalarnię odpadów w Szczecinie, która niedawno uzyskała dofinansowanie opiewające na taką właśnie kwotę (www.wnp.pl).

Do kosztów zaliczane są (koszty podane w skali roku):

- Koszty O&M (operacyjne i utrzymania), które są szacowane na poziomie 10 PLN/MWh (18) i wynoszą: 31 266 856 PLN
- Koszty płac oszacowane na: 3 000 000 PLN
- Podatek:
  - 3 273 628 PLN (bez dotacji)
  - 4 091 301 PLN (z dotacją)

Dla potrzeb obliczenia kwoty opodatkowania przyjęto obowiązującą w Polsce 19% stawkę podatku CIT (ang. Corporate Income Tax - podatek od osób prawnych). Przyjęto także czas życia instalacji 20 lat i amortyzację 5% rocznie, co odpowiada kwocie 37 904 106 PLN.

Zakłada się, że inwestycja finansowana będzie w oparciu o kredyt. W zależności od otrzymania przez układ dotacji do inwestycji kredyt pokryje część lub całość wydatków inwestycyjnych. Zakłada się kredyt z 10 letnim okresem spłaty i oprocentowanym 9% w skali roku.

Tab. 4.4 - Finansowanie modelowanej instalacji poprzez kredyt w dwóch wariantach

	Inwestycja zez dotacji	Inwestycja z dotacją
	PLN	PLN
Kwota kredytu	1 152 367 674	764 739 806
Odsetki (w ciągu 10 lat)	394 285 551	261 657 683
Roczny koszt pozyskania finansowania	**39 428 555**	**26 165 768**

Warto w tym miejscu podkreślić wpływ oprocentowania kredytu na koszt inwestycji. Można jednak przyjąć, że skoro inwestycja oprócz produkcji energii elektrycznej i ciepła spełnia inne ważne cele społeczne inwestycja mogłaby być realizowane w ramach partnerstwa publiczno-prywatnego, zaś organ samorządowy mógłby jako swój wkład wnieść poręczenie dla kredytu lub teren pod inwestycję, co mogłoby istotnie poprawić ekonomikę inwestycji.

Tab. 4.5 - Przepływy gotówkowe i wyniki analizy NPV dla modelowanej instalacji

Rok	NPV	CF	NPV z dotacją	CF z dotacją
0	- 758 082 123	-	- 503 082 123	-
1	- 663 972 383	99 756 323	- 403 408 367	105 654 181
2	- 572 134 366	103 189 196	- 306 321 277	109 087 053
3	- 482 612 420	106 622 069	- 211 847 377	112 519 926
4	- 395 438 598	110 054 941	- 120 001 900	115 952 799
5	- 310 633 902	113 487 814	- 30 789 981	119 385 671
6	- 228 209 431	116 920 687	55 792 245	122 818 544
7	- 148 167 440	120 353 559	139 756 648	126 251 416
8	- 70 502 301	123 786 432	221 122 176	129 684 289
9	4 798 609	127 219 304	299 914 020	133 117 162
10	77 754 103	130 652 177	376 162 846	136 550 034
11	148 388 435	134 085 050	449 904 095	139 982 907
12	236 325 413	176 946 477	534 180 929	169 581 548
13	320 894 292	180 379 350	615 296 841	173 014 421
14	402 194 615	183 812 223	693 339 650	176 447 293
15	480 325 451	187 245 095	768 397 358	179 880 166
16	555 385 125	190 677 968	840 557 855	183 313 039
17	627 470 985	194 110 841	909 908 642	186 745 911
18	696 679 198	197 543 713	976 536 598	190 178 784
19	763 104 575	200 976 586	1 040 527 770	193 611 656
20	826 840 410	204 409 459	1 101 967 185	197 044 529

Wyniki przeprowadzonej analizy ekonomicznej opłacalności inwestycji są zamieszczone w *tabeli 4.5.* Za rok zerowy uznawany jest czas, w którym inwestycja jest realizowana - od rozpoczęcia procesu budowy do rozruchu instalacji. Istnieje duże prawdopodobieństwo, że realizacja inwestycji potrwa dłużej niż rok, choć czas ten jest ważny jedynie z punktu widzenia kredytowania. Z tego względu można wyłączyć z tego okresu czas przygotowania inwestycji, gdyż w trakcie tego procesu nie są wymagane znaczne nakłady inwestycyjne, a w konsekwencji nie jest wymagane zaciągnięcie zobowiązań kredytowych już na tak wczesnym etapie.

Warto zaznaczyć, że przychody związane z systemem wsparcia są wliczane przez cały okres inwestycji. W rzeczywistości system wsparcia energii elektrycznej z OZE (zielone certyfikaty ma funkcjonować do końca 2017 roku, zaś system wsparcia kogeneracji (czerwone certyfikaty) do końca 2013 roku. Niepewność co do dalszego kształtu i funkcjonowania systemu mogłaby mieć znaczący wpływ na ewentualną decyzję inwestycyjną.

Zdyskontowany czas zwrotu inwestycji (DPB) w przypadku inwestycji nieobjętej dotacją wynosi 9 lat, co jest wynikiem akceptowalnym, zaś po uwzględnieniu dotacji czas ten skraca się do 6 lat co jest wynikiem dobrym.

5. PODSUMOWANIE I WNIOSKI

Cel pracy polegający na wykonaniu uproszczonego projektu bloku gazowo-parowego wykorzystującego biomasę został zrealizowany. Układ, zgodnie z przyjętym założeniem, pracuje w trybie maksymalizacji wytwarzania energii elektrycznej.

Pomimo niestandardowych rozwiązań technicznych zastosowanych w układzie z analizy ekonomicznej wynika, że układ byłby w stanie funkcjonować w warunkach rynkowych. Jednak w przypadku wstępnej akceptacji projektu należałoby przeprowadzić osobne studium w celu weryfikacji poziomu nakładów inwestycyjnych na urządzenia, ze szczególnym uwzględnieniem zgazowarki i turbiny gazowej.

Wydaje się, że polepszenie jakości gazu mogłoby ograniczyć wzrost kosztów związanych z przeprojektowaniem turbiny gazowej. W tym kontekście warto byłoby przeanalizować poprawę parametrów gazu poprzez wykorzystanie tlenu lub powietrza wzbogaconego w tlen jako czynnika zgazowujacego.

Istotnym faktem jest także wysokie zapotrzebowanie własne na energię elektryczną. Gdyby założyć wykorzystanie membranowego układu separacji tlenu do wzbogacenia powietrza, potrzeby te jeszcze by wzrosły. W tym kontekście wartym przeanalizowania wydaje się być zainstalowanie układu LAES (ang. Liquid Air Energy Storage - akumulacja energii w skroplonym powietrzu). Nadmiar ciepła mógłby, przy pomocy chłodzenia absorpcyjnego, służyć do skraplania magazynowanego powierza oraz do jego powrotu do stanu gazowego przed zgazowarką i turbiną gazową. W ten sposób układ mógłby zaopatrywać miasto w energię w szczycie. Jest to także pożądane z ekologicznego punktu widzenia, gdyż nie wszędzie są warunki do budowy elektrowni szczytowo-pompowych. Źródło lokalne mogące generować energię elektryczna w szczycie niewątpliwie wpłynęłoby pozytywnie zarówno na jakość energii w sieci, jak i na ograniczenie strat przesyłowych w KSE.

Nadmiar ciepła generowany przez układ w zestawieniu ze stosunkowo niskimi wpływami z czerwonych certyfikatów stawia pod znakiem zapytania zasadność ponoszenia nakładów na część wodną kotła odzyskowego. Brak części wodnej w tym kotle, zwłaszcza części kondensacyjnej, mógłby obniżyć wydatki inwestycyjne. Biorąc pod uwagę nakłady na kocioł odzyskowy i porównując je z nakładami na inne urządzenia w układzie i ewentualne oszczędności, wpływ takiej zmiany na opłacalność projektu wydaje się być nieznaczny. Warto byłoby natomiast przeanalizować możliwość wykorzystania technologii ORC zamiast części wodnej kotła odzyskowego lub zastosowanie nadmiaru ciepła do produkcji chłodu (trójgeneracja). Być może przychody z produkcji dodatkowej ilości energii elektrycznej oraz sprzedaży dodatkowej ilości zielonych certyfikatów byłyby w stanie wpłynąć korzystnie na ekonomikę przedsięwzięcia. W bieżącej sytuacji ocena takich działań nie może być jednoznaczna, gdyż ceny ciepła nie są w chwili obecnej cenami rynkowymi, co utrudnia ewentualną analizę kosztów alternatywnych.

Podstawowym wnioskiem ekonomicznym, jaki można wyciągnąć z analizy niniejszego projektu jest wpływ, jaki na realizację projektu ma kształt systemu wsparcia. Wydaje się, że pewność jest słabą stroną systemu certyfikatów i może się to przyczyniać do odkładania ewentualnej decyzji inwestycyjnej w czasie. Wydaje się, że dużo lepsze efekty zarówno w dziedzinie OZE, jak i wytwarzania energii elektrycznej i ciepła w kogeneracji można by osiągnąć poprzez dużo prostszy system - bezpośrednie dofinansowanie inwestycji. Widać wyraźnie, na przykładzie rozpatrywanej dotacji z Narodowego Funduszu Ochrony Środowiska, że tego typu mechanizm wyraźnie poprawia opłacalność inwestycji, a tym samym stanowi dobrą zachętę inwestycyjną. Jednocześnie takie rozwiązanie nie tworzy quasi-rynku, który jest ze swej natury wrażliwy na spekulacje. Koszty administrowania systemem także wydają się być niższe, gdyż decyzja inwestycyjna podejmowana jest jednorazowo, zaś w przypadku systemu certyfikatów obowiązek ich umorzenia jest okresowy, co prowadzi do niepotrzebnego rozrostu biurokracji.

Bibliografia:

1. **Ståhl K., L. Waldheim, M. Morris, U. Johnsson, J.Gårdmark.** *Biomass IGCC at Värnamo, Sweden - past and future.* 2004.

2. **Kordylewski, W.** *Spalanie i paliwa - skrypt PWR.* Wrocław : Oficyna Wydawnicza PWR, 2008. ISBN 978-83-7493-378-0.

3. **Maniatis, K.** *Progress in biomass gasification - an overview.* , 2002. .

4. **Ministerstwo Środowiska.** Rozporządzenie M.Ś. w sprawieszczegółowych warunków technicznych kwalifikowania części energii odzyskanej z termicznego przekształcania odpadów komunalnych. 2 czerwca 2010.

5. **Komisja Europejska.** *Refuse Derrived Fuel - current practice and perspectives.* 2003. WRc Ref: CO 5087-4.

6. **Verma, Shefali.** Anaerobic digestion of biodegradable organics in municipal solid waste. Columbia : Columbia University, 2002.

7. **Sims, R.** *Brilliance of bioenergy.* brak miejsca : Earthscan Publications Ltd., 2002. ISBN 13: 9781902916286 .

8. **Rada Miasta Wrocławia.** *Plan Gospodarki Odpadami dla Miasta Wrocławia.* Wrocław, 2005.

9. **Quaak, P.** *Energy from biomass - A review of combustion and gasification technologies.* Waszyngton : Bank Światowy, 1999. ISSN: 0253-7494.

10. **J. Rezaiyan, N.P. Cheremisinoff.** *Gasification Technologies - A primer for engineers.* Boca Raton : CRC Press - Taylor & Francis Group, 2005. ISBN-13: 978-0-8247-2247-0.

11. **Chmielniak, T.** *Technologie energetyczne.* Warszawa : Wydawnictwa Naukowo-Techniczne, 2008. ISBN 978-83-204-3387-6.

12. **Szargut, J.** *Termodynamika techniczna.* Gliwice : Wydawnictwo Politechniki Śląskiej, 2010. ISBN: 978-83-7335-667-2.

13. **K. Pikoń, Z. Czekalska, S. Stelmach, W. Ścierski.** Archiwum gospodarki odpadami i ochrony środowiska. *Zastosowanie metod plazmowych do oczyszczania gazu procesowego ze zgazowania biomasy.* , 2010. Tom , . ISSN 1733-4381.

14. **F. Lettner, H. Timmerer, P. Haselbacher.** Gasification Guide. *Biomass gasification - State of art description.* Graz : Inteligent Energy Europe - Komisja Europejska, 2007. Tomy - Deliverable 8, 06/078/SI2.447511. EIE.

15. **Komisja Europejska - 2004/8/EC.** Dyrektywa 2004/8/EC o promowaniu kogeneracji opartej o zapotrzebowanie na ciepło uzyteczne.

16. **I.N. Woudstra, I.T. Woudstra, T.P. van der Stelt.** *Cycle Tempo- manual.* brak miejsca : TU Delft, 2008.

17. **A. Szkarowski, L. Łatowski.** *Ciepłownictwo.* Warszawa : Wydawnictwa Naukowo-Techniczne, 2006. ISBN 978-83-204-3510-8.

18. **J.Skorek, J.Kalina.** *Gazowe układy kogeneracyjne.* Warszawa : Wydawnictwa Naukowo-Techniczne, 2005. ISBN 83-204-3103-4.

19. **Bartnik, R.** *Elektrownie i elektrociepłownie gazowo-parowe.* Warszawa : Wydawnictwa Naukowo-Techniczne, 2009. ISBN 978-83-204-3558-0.

20. **Ministerstwo Infrastruktury.** Oficjalna strona internetowa Ministerstwa Infrastruktury. *Typowe lata meteorologiczne i statystyczne dane klimatyczne dla obszaru Polski do obliczeń energetycznych budynków.* [Online] [Zacytowano: 08 11 2011.] http://www.mi.gov.pl/2-48203f1e24e2f-1787735.htm.

21. **Polska Norma PN-B-02025.** 2001.

22. **Ministerstwo Gospodarki.** Rozporządzenie Ministra Gospodarki. *w sprawie sposobu obliczenia danych podanych we wniosku o wydanie świadectwa pochodzenia energii z kogeneracji.* 26 lipiec 2011.

23. **Urząd Regulacji Eneretyki.** [Online] www.ure.gov.pl.

24. **Rosillo-Calle, F.** *Biomass assessment handbook.* brak miejsca : Earthscan, 2007. ISBN 13: 978-1-84407-285-9.

25. **ONZ.** *World Energy Assessment.* Nowy Jork : United Nations Developement Programme, 2000. ISBN: 92-1-126126-0.

26. **Pastre, O.** *Analysis of the technical obstacles related to the production and utilisation of fuel pellets made from agricultural residues.* : EUBIA, 2002. ALTENER 2002-012-137-160.

27. **GUS.** *Rocznik Statystyczny Rzeczypospolitej Polskiej.* Warszawa : GUS, 2010. ISSN: 1506-0632.

28. **GUS - stat.gov.pl.** Baza Danych. [Online] [Zacytowano: 23 11 2011.] http://www.stat.gov.pl.

29. **Rybak, W.** *Spalanie i współspalanie biopaliw stałych.* Wrocław : Oficyna wydawnicza PWR, 2006. ISBN: 83-7085-938-0.

DODATEK A - Metodologia opracowania wykresu uporządkowanego zapotrzebowania na ciepło

Algorytm postępowania i metodyka przeprowadzonych obliczeń:

1) Przyjęto dane klimatyczne dostępne na oficjalnej stronie internetowej Ministerstwa Infrastruktury - *„Typowe lata meteorologiczne i statystyczne dane klimatyczne dla obszaru Polski do obliczeń energetycznych budynków"*.

2) Dane tworzą obraz typowego roku meteorologiczne. Zostały opracowane dla stacji meteorologicznej Wrocław (51° 06' N, 16° 53' E) na podstawie pomiarów przeprowadzonych w tej stacji w latach 1971 - 2000.

3) Na podstawie [21] Wrocław jest zakwalifikowany do II strefy klimatycznej, zaś temperatura obliczeniowa $t_{oblicz} = -18°C$

4) Z opublikowanej tabeli dla stacji Wrocław [20] do arkusza kalkulacyjnego w Excelu zostało wstawione 8760 temperatur odpowiadających kolejnym godzinom w roku. Zostały one opracowane na podstawie wieloletnich pomiarów *temperatury termometru suchego*. Każda wartość stanowi wieloletnią średnią ważoną na podstawie temperatur zmierzonych w tej konkretnej godzinie w roku w różnych latach. Ministerstwo Infrastruktury nie podaje czy było brane pod uwagę dodatkowe 6 godzin rocznie ze względu na występujący co 4 lata rok przestępny. Można założyć, że wpływ tej różnicy pomiędzy rokiem kalendarzowym i astronomicznym jest pomijalnie mały.

5) Na podstawie ww. danych został sporządzony wykres średnich godzinowych temperatur w ciągu roku (*Wykres 4.1*).

6) Temperatury dla kolejnych 8760 godzin w roku zostały zaokrąglone w arkuszu kalkulacyjnym Excel przy pomocy funkcji LICZBA.CAŁK. Funkcja ta zaokrągla liczby w dół (do wartości niższej). Zostało to uznane za dopuszczalne. Wprawdzie w konsekwencji prowadzi to do niewielkiego przeszacowania zapotrzebowania na ciepło, a tym samym do niewielkiego przewymiarowania instalacji. Jednakże w przypadku wytwarzania ciepła niedoszacowanie zapotrzebowania a tym samym niedowymiarowanie instalacji, jest znacznie bardziej dotkliwe w skutkach z punktu widzenia konsumentów - odbiorców ciepła. Inna funkcja możliwa do zastosowania (ZAOKR.DO.CAŁK.) ze względu na sposób działania generowałaby takie właśnie konsekwencje.

7) Dla każdej temperatury przedziału (-18 °C, 12°C) została zliczona ilość godzin w roku o temperaturze mniejszej lub równej niż zadana. Zliczanie zostało wykonane na tablicy temperatur zaokrąglonych (do części całkowitej) przy pomocy funkcji LICZ.JEŻELI dla której argumentem była tablica zaokrąglonych temperatur oraz temperatura dla której wykonywane było zliczanie. Zliczanie zostało wykonane dla każdej kolejnej temperatury z przedziału.

8) Wieloletnia średnia liczba dni ogrzewania dla stacji Wrocław wynosi 227 dni [21]. Licząc po 24 godziny na dobę daje to sumę 5 448 godzin sezonu grzewczego średnio w ciągu roku.

9) Zostało przyjęte założenie, że ogrzewane przy pomocy sieci ciepłowniczej budynki to w przeważającej części bloki mieszkaniowe. Przyjęto, że statystyczny budynek ma 5 kondygnacji (wraz z parterem), statystyczny lokal mieszkalny ma powierzchnię 50 m^2 i jest zamieszkiwany przez czteroosobową rodzinę.

10) Na podstawie danych źródłowych [17] przyjęto średnie zapotrzebowanie na cele grzewcze na poziomie 69 $W/_{m^2}$ co daje średnio *3 450 W* na jedno mieszkanie.

11) Na podstawie danych źródłowych [17] przyjęto:

- Średnie zużycie ciepłej wody użytkowej $85\ dm\text{^}3\ /\ (osobę\ /\ dobę)$
- Wymaganą temperaturę $t_{cwu} = 55\ °C$
- Średnią temperaturę zimnej wody z wodociągów zimą $t_{z.w.}^{zima} = 5\ °C$
- Średnią temperaturę zimnej wody z wodociągów latem $t_{z.w.}^{lato} = 15\ °C$
- $c_p^{wody} = 4{,}1868\ \frac{kJ}{kg \cdot K}$
- Maksymalna moc cieplna EC wynosi $\dot{Q}_{max.} = 70\ MW_t$
- Współczynnik uwzględniający naturalną zmianę zapotrzebowania na ciepłą wodę poza sezonem grzewczym (dla budynków mieszkalnych i użyteczności publicznej) $\beta = 0{,}8$
- Wymagana temperatura wewnątrz budynku $t_{wewn.} = 20\ °C$

12) Moc cieplna na podgrzanie c.w.u zimą

$$\frac{85 \cdot 4}{24 \cdot 3600} \cong 3{,}94 \frac{kg}{s}$$

$$\dot{Q}_{cwu}^{stat.} = \dot{m} \cdot c_p \cdot \left(t_{cwu} - t_{z.w.}^{zima}\right) = 3{,}94 \cdot 4{,}1868 \cdot (55 - 5) \cong 824{,}8\ W$$

13) Moc cieplna potrzebna na podgrzanie c.w.u zimą stanowi w stosunku do całkowitej mocy cieplnej wartość:

$$\frac{824{,}8}{3\,450 + 824{,}8} \cong 19{,}3\ \%$$

14) Maksymalna moc cieplna na podgrzanie c.w.u. [17]

- W sezonie grzewczym (zima) $\dot{Q}_{cwu}^{zima} = \dot{Q}_{max} \cdot 19{,}3\ \% = 70 \cdot 0{,}193 \cong 13{,}5\ MW$

- Poza sezonem grzewczym (lato)

$$\dot{Q}_{cwu}^{lato} = \dot{Q}_{cwu}^{zima} \cdot \beta \cdot \frac{t_{cwu} - t_{z.w.}^{lato}}{t_{cwu} - t_{z.w.}^{zima}} = 13{,}5 \cdot 0{,}8 \cdot \frac{55 - 15}{55 - 5} \cong 8{,}6\ MW$$

15) Maksymalne zapotrzebowanie na cele c.o.

$$\dot{Q}_{c.o.}^{max} = \dot{Q}_{max} - \dot{Q}_{cwu}^{zima} = 70 - 13{,}5 = 56{,}5\ MW$$

16) Dla każdej ze zliczonych wcześniej temperatur została obliczona wymagana moc cieplna wg wzorów [17]:

$$\dot{Q}_{c.o.}^{'} = \dot{Q}_{c.o.}^{max} \cdot \varphi_0$$

gdzie:

$$\varphi_0 = \frac{t_{wewn.} - t_{zewn.}}{t_{wewn.} - t_{oblicz}}$$

Ostatecznie formuła na wymaganą moc cieplną w sezonie wyglądała następująco:

$$\dot{Q} = \dot{Q}_{c.o.}^{max} \cdot \frac{t_{wewn.} - t_{zewn.}}{t_{wewn.} - t_{oblicz}} + \dot{Q}_{cwu}^{zima}$$

Zaś poza sezonem była funkcja stałą równą co do wartości $\dot{Q}_{cwu}^{lato}$.

17) Implementacja formuły w arkuszu kalkulacyjnym Excel wyglądała następująco:

$$F(x) = 56{,}5 \cdot \frac{20 - x}{20 - (-18)} + 13{,}5$$

gdzie: x - wartość każdej kolejnej temperatury w przedziale (-18 °C, 12°C)

DODATEK B - Tabela regulacyjna sieci cieplnej SPEC (Stołeczne Przedsiębiorstwo Energetyki Cieplnej)

Temperatura zewnętrzna t_{zewn}	Współczynnik φ	Temperatura zasilania T_z	Temperatura powrotu T_p
[°C]		[°C]	[°C]
12	0,20	68,0	44,5
11	0,23	68,5	44,5
10	0,25	69,0	44,5
9	0,28	69,0	44,5
8	0,30	69,5	44,5
7	0,33	70,0	44,5
6	0,35	70,5	45,0
5	0,38	73,0	45,5
4	0,40	75,0	45,9
3	0,43	78,0	46,3
2	0,45	80,5	46,8
1	0,48	81,8	47,2
0	0,50	83,1	47,6
-1	0,53	84,4	48,1
-2	0,55	85,7	48,5
-3	0,58	87,0	49,0
-4	0,60	89,0	49,5
-5	0,63	91,5	49,9
-6	0,65	93,0	50,3
-7	0,68	96,0	50,8
-8	0,70	98,0	51,2
-9	0,73	99,3	51,6
-10	0,75	100,6	52,1
-11	0,78	102,0	52,5
-12	0,80	104,0	53,0
-13	0,83	105,5	53,5
-14	0,85	107,0	54,0
-15	0,88	109,0	54,5
-16	0,90	110,0	55,0
-17	0,93	111,0	55,5
-18	0,95	112,0	56,0
-19	0,98	113,0	56,5
-20	1,00	114,0	57,0